大厨请到家

最下饭的美味川菜

甘智荣 主编

U0338353

译林出版社

图书在版编目 (CIP) 数据

最下饭的美味川菜 / 甘智荣主编. —南京：译林出版社，2017.7
(大厨请到家)
ISBN 978-7-5447-6835-1

I.①最… II.①甘… III.①川菜－菜谱 IV.①TS972.182.71

中国版本图书馆 CIP 数据核字 (2017) 第 026324 号

最下饭的美味川菜　甘智荣／主编

责任编辑　陆元昶
特约编辑　王　锦
装帧设计　**Metis** 灵动视线
校　　对　肖飞燕
责任印制　贺　伟

出版发行　译林出版社
地　　址　南京市湖南路 1 号 A 楼
邮　　箱　yilin@yilin.com
网　　址　www.yilin.com
市场热线　010-85376701
排　　版　张立波
印　　刷　北京旭丰源印刷技术有限公司
开　　本　710 毫米 ×1000 毫米　1/16
印　　张　10
版　　次　2017 年 7 月第 1 版　2017 年 7 月第 1 次印刷
书　　号　ISBN 978-7-5447-6835-1
定　　价　32.80 元

前言 Preface

　　川菜是中国八大菜系之一，也是最有特色的、民间最大的菜系，同时被冠以"百姓菜"之称。川菜的风格朴实而又清新，具有浓厚的乡土气息，有取材广泛、调味多样、菜式适应性强三大特征。

　　川菜是历史悠久、地方风味极为浓厚的菜系，其发源地是古代的巴国和蜀国。川菜系形成于秦始皇统一中国到三国鼎立之间；唐宋时期略有发展；从元、明、清建都北京后，随着入川官吏增多，大批北京厨师前往成都落户，经营饮食业，因而川菜地位得到确立。川菜在中国封建时代的晚期颇受鲁菜及各江浙菜的影响，其鲜明的风味还没有正式形成，大多是一些不含辣、麻味不强的菜。自明末以来，由北美洲一带引进的各种辣椒，逐渐渗透到川菜的各种菜式里面，并凭着川蜀地区盆地的地域特色和将近 100 多年的发展，这才使得"麻"和"辣"真正融入川菜的体系中，并最终形成了今天川菜的风味。

　　辣椒、胡椒、花椒、豆瓣酱等是川菜的主要调味品。不同的配比，配出的复合味型有20 多种，如酱香味型、烟香味型、荔枝味型、五香味型、香糟味型、甜香味型、陈皮味型、芥末味型等五花八门。在川菜的烹饪过程中，如能运用味的主次、浓淡、多寡，调配变化，加上选料、切配和烹调得当，即可获得色香味形俱佳的各种美味佳肴。

　　川菜菜式主要是由高级宴会菜式、普通宴会菜式、大众便餐菜式和家常风味菜式四个部分组成，既各具风格特色，又互相渗透和配合，形成一个完整的风味体系，对各地各阶层，甚至对国外，都有广泛的适应性。川菜以其味多味美及其独特的风格，赢得国内外友人们的青睐，使得人们发出"食在中国，味在四川"的赞叹。

　　本书图文并茂，内容丰富，一共向读者朋友们介绍了 75 道最下饭的川菜，其中素菜类18 道，畜肉类 22 道，禽蛋类 17 道，水产类 18 道。每道菜品都详细介绍了所用材料及做法演示，并且每一个步骤都有相应图片作为参考，让你对每一道菜品的做法一目了然。此外，本书中还列出了每道菜品的营养分析、制作指导和小贴士，目的是让你不仅能掌握这些川菜的烹调技术，更能了解每道菜品的营养及相关健康知识，从而吃得过瘾、吃得健康！

目录 Contents

川菜的烹饪常识

第三章
禽蛋类

第四章
水产类

川菜的烹饪常识

川菜常用食材

川菜的常见食材有很多，不胜枚举。下面仅列出几个例子，并说明在烹制川菜前应该注意的食材养生功效和其他一些小细节，以便让我们能做出更正宗美味的川菜。

五花肉

五花肉又称肋条肉、三层肉，位于猪的腹部，猪腹部脂肪组织很多，其中又夹带着肌肉组织，肥瘦间隔，故称"五花肉"。这部分的瘦肉最嫩且最多汁。需要指出的是，五花肉要斜切，因为其肉质比较细、筋少，如果横切，炒熟后会变得凌乱散碎，斜切可使其不破碎，吃起来也不塞牙。五花肉营养丰富，有补肾养血、滋阴润燥之功效，还有滋肝阴、润肌肤的作用。此外，五花肉含有丰富的优质蛋白质和人体必需的脂肪酸，并能提供血红素和促进铁吸收的半胱氨酸，能改善缺铁性贫血的症状。

猪蹄

猪蹄，又叫猪脚、猪手，前蹄为猪手，后蹄为猪脚。它含有丰富的胶原蛋白质，脂肪含量也比肥肉低。近年来在对老年人衰老原因的研究中发现，人体中胶原蛋白质缺乏，是人衰老的一个重要因素。猪蹄能防止皮肤干瘪起皱，增强皮肤弹性和韧性，对延缓衰老具有特殊意义。因此，人们把猪蹄称为"美容食物"。猪蹄对经常性的四肢疲乏、腿部抽筋、麻木、消化道出血等有一定的辅助食疗功效。

鳝鱼

鳝鱼肉嫩味鲜，营养价值甚高，尤其是富含 DHA（二十二碳六烯酸）和卵磷脂，有补脑健身的功效。鳝鱼所含的特种物质"鳝鱼素"，有清热解毒、凉血止痛、祛风消肿、润肠止血等功效，能降低血糖和调节血糖，对糖尿病有较好的食疗作用，又因其所含脂肪极少，因而是糖尿病患者的理想食物。

泡菜

泡菜含有丰富的维生素和钙、磷等无机物，既能为人体提供充足的营养，又能预防动脉硬化等疾病。由于泡菜在腌制过程中会产生亚硝酸盐，这是公认的致癌物质，并且亚硝酸盐的含量与盐浓度、温度、腌制时间等众多因素密切相关，因而泡菜不宜多食。

草鱼

草鱼俗称鲩鱼、草鲩、白鲩。草鱼含有丰富的硒元素，经常食用有延缓衰老、美容养颜的功效，而且对肿瘤也有一定的防治作用。草鱼肉嫩而不腻，很适合身体瘦弱、食欲不振的人食用。

牛蛙

牛蛙有滋补解毒的功效，消化功能差、胃酸过多以及体质虚弱者可以用来滋补身体。牛蛙可以促进人体气血旺盛，使人精力充沛，有滋阴壮阳、养心安神、补血补气之功效，有利于术后患者的身体康复。

猪血

猪血，又称液体肉、血豆腐和血花等，味甘、苦，性温，有解毒清肠、补血美容的功效。猪血富含维生素 B_2、维生素 C、蛋白质、铁、磷、钙、烟酸等营养成分。猪血中的血浆蛋白被人体内的胃酸分解后，产生一种解毒、清肠的分解物，能够与侵入人体内的粉尘、有害金属微粒发生化合反应，易于毒素排出体外。长期接触有毒、有害粉尘的人，特别是每日驾驶车辆的司机，应多吃猪血。另外，猪血富含铁，对贫血而面色苍白者有改善作用，是排毒养颜的理想食物。

酸豆角

酸豆角，就是腌渍过的豆角。它含有丰富的优质蛋白质、碳水化合物及多种维生素、微量元素等，可补充机体的招牌营养素。其中所含 B 族维生素能起到维持正常的消化腺分泌和胃肠道蠕动的作用，还可抑制胆碱酶活性，帮助消化，增进食欲。

川菜常用调味料

川菜的调味料在川菜菜肴的制作中起着至关重要的作用，也是制作麻辣、鱼香等味型菜肴必不可少的作料。川菜常用的调味料很多，可以根据不同菜的口味特点选用不同的调味料，让菜的口味更独特。

花椒

花椒果皮含辛辣挥发油等，辣味主要来自山椒素。花椒有温中气、减少膻腥气、助暖的作用，且能去毒。烹饪牛肉、羊肉、猪肉时宜多放花椒；清蒸鱼和干炸鱼，放点花椒可去腥味；腌榨菜、泡菜时，放花椒可提高风味；煮五香豆腐干、花生、蚕豆和黄豆等，用些花椒，味更鲜美。花椒在咸鲜味菜肴中运用比较多，一是用于材料的先期码味、腌渍，起去腥、去异味的作用；二是在烹调中加入花椒，起避腥、除异、和味的作用。

胡椒

胡椒辛辣中带有芳香，有特殊的辛辣刺激味和强烈的香气，有除腥解膻、解油腻、助消化、增添香味、防腐和抗氧化的作用，能增进食欲，可解鱼、虾、蟹肉的毒素。胡椒分黑胡椒和白胡椒两种。黑胡椒辣味较重，香中带辣，散寒、健胃功能更强，多用于烹制动物内脏、海鲜类菜肴。

七星椒

七星椒是朝天椒的一种，属于簇生椒，产于四川威远、内江、自贡等地。七星椒皮薄肉厚、辣味醇厚，比子弹头辣椒更辣，可以制作泡菜、干辣椒、辣椒粉、糍粑辣椒、辣椒油等。

干辣椒

干辣椒是用新鲜辣椒晾晒而成，外表呈鲜红色或棕红色，有光泽，内有籽。干辣椒气味特殊，辛辣如灼。川菜调味使用干辣椒的原则是辣而不死，辣而不燥。成都及其附近所产的二荆条辣椒和威远的七星椒，皆属此类品种，

为辣椒中的上品。干辣椒可切节使用，也可磨粉使用。干辣椒节主要用于糊辣口味的菜肴，如炝莲白、炝黄瓜等。使用辣椒粉的常用方法有两种，一是直接入菜，如宫保鸡丁就要用辣椒粉，起到增色的作用；二是制成红油辣椒，做红油、麻辣等口味的调味品，广泛用于冷热菜式，如红油笋片、红油皮扎丝、麻辣鸡、麻辣豆腐等菜肴的调味。

泡椒

在川菜调味中起重要作用的泡椒，是用新鲜的辣椒泡制而成。由于泡椒在泡制过程中产生了乳酸，所以用于烹制菜肴时，可以使菜肴具有独特的香气和味道。

冬菜

冬菜是四川的著名特产之一，主产于南充、资中等市。冬菜是用青菜的嫩尖部分，加上盐、香料等调味品装坛密封，经数年腌制而成。冬菜以南充生产的顺庆冬尖和资中生产的细嫩冬尖为上品，有色黑发亮、细嫩清香、味道鲜美的特点。冬菜既是烹制川菜的重要辅料，也是重要的调味品。在菜肴中做辅料的有冬尖肉丝、冬菜肉末等，既做辅料又做调味品的有冬菜肉丝汤等菜肴，均为川菜中的佳品。

子弹头辣椒

子弹头辣椒是朝天椒的一种，因为形状短粗如子弹，所以得名"子弹头辣椒"，在四川很多地方都有种植。其辣味比二荆条辣椒强烈，但是香味和色泽却比不过二荆条辣椒，可用于制作干辣椒、泡菜、辣椒粉、辣椒油等。

芥末

芥末即芥子研成的末。芥子干燥无味，研碎湿润后，发出强烈的刺激气味，冷菜、荤素材料皆可使用。如芥末嫩肚丝、芥末鸭掌、芥末白菜等，均是夏、秋季节的佐酒佳肴。目前，川菜也常用芥末的成品芥末酱、芥末膏，成品使用起来更方便。

川盐

川盐能定味、提鲜、解腻、去腥，是川菜烹调的必需品之一。盐有海盐、池盐、岩盐、井盐之分。川菜常用的盐是井盐，其氯化钠含量高达 99% 以上，味醇正，无苦涩味，色白，结晶体小，疏松不结块。川盐以四川自贡所生产的井盐为盐中最理想的调味品。

陈皮

陈皮也称"橘皮"，是用成熟了的橘子皮阴干或晒干制成。陈皮呈鲜橙红色、黄棕色或棕褐色，质脆，易折断，以皮薄而大、色红、香气浓郁者为佳。在川菜中，陈皮味型就是以陈皮为主要的调味品调制的，是川菜常用的味型之一。陈皮在冷菜中运用广泛，如陈皮兔丁、陈皮牛肉、陈皮鸡等。此外，由于陈皮和沙生姜、八角、茴香、丁香、小茴香、桂皮、草果、老蔻、砂仁等材料一样，都有各自独特的芳香气，所以，它们都是调制五香味型的调味品，多用于烹制动物性食材和豆制品食材的菜肴，如五香牛肉、五香鳝段、五香豆腐干等，四季皆宜，佐酒下饭均可。

豆瓣酱

川菜常用的是郫县豆瓣酱和金钩豆瓣酱两种豆瓣酱。郫县豆瓣酱以鲜辣椒、上等蚕豆、面粉和调味料酿制而成，以四川郫县豆瓣厂生产的为佳。这种豆瓣酱色泽红褐、油润光亮、味鲜辣、瓣粒酥脆，并有浓烈的酱香和清香味，是烹制家常口味、麻辣口味菜肴的主要调味品。烹制时，一般都要将其剁细使用，如豆瓣鱼、回锅肉、干煸鳝鱼等所用的郫县豆瓣酱，都需要先剁细。还有一种以蘸食为主的豆瓣酱，以重庆酿造厂生产的金钩豆瓣酱为佳。它是以蚕豆为主，金钩（四川对干虾仁的称呼）、香油等为辅酿制的。这种豆瓣酱呈深棕褐色，光亮油润，味鲜回甜，咸淡适口，略带辣味，醇香浓郁。金钩豆瓣酱是清炖牛肉汤、清炖牛尾汤等的最佳蘸料。此外，烹制火锅也离不开豆瓣酱，调制酱料也要用豆瓣酱。

豆豉

豆豉是以黄豆为主要材料，经选择、浸渍、蒸煮，用少量面粉拌和，并加米曲霉菌种酿制后，取出风干而成。具有色泽黑褐、光滑油润、味鲜回甜、香气浓郁、颗粒完整、松散化渣的特点。烹调上以永川豆豉和潼川豆豉为上品。豆豉可以加油、肉蒸后直接佐餐，也可作为豆豉鱼、盐煎肉、毛肚火锅等菜肴的调味品。目前，不少民间流传的川菜也需要豆豉调味。

榨菜

榨菜在烹饪中可直接作咸菜上席，也可用作菜肴的辅料和调味品，对菜肴能起提味、增鲜的作用。榨菜以四川涪陵生产的涪陵榨菜最为有名。它是选用青菜头或者菱角菜（也称羊角菜）的嫩茎部分，用盐、辣椒、酒等腌渍后，榨除汁液呈微干状态而成。以其色红质脆、块头均匀、味道鲜美、咸淡适口、香气浓郁的特点誉满全国，名扬海外。用它烹制菜肴，不仅营养丰富，而且还有爽口开胃、增进食欲的作用。榨菜在菜肴中，能同时充当辅料和调味品，如榨菜肉丝、榨菜肉丝汤等。以榨菜为材料的菜肴，皆有清鲜脆嫩、风味别具的特色。

川菜的烹调特色

川菜麻辣的特色一部分来自川菜不同的烹饪方法，另一部分则来自烹饪前的准备。下面，我们来介绍一下川菜的烹调方法及其烹调特点。

烹调方法

川菜的烹调方法多达几十种，常见的有炒、熘、炸、爆、蒸、烧、煨、煮、炯、煸、炖、焯、卷、煎、炝、烩、腌、卤、熏、拌、贴、酿等。如炒、爆、煎、烧就别具一格。

炒：在川菜烹制的诸多方法中，"炒"很有特点，它要求时间短，火候急，汁水少，口味鲜嫩。其具体方法是，炒菜不过油，不换锅，芡汁现炒现对，急火短炒，一锅成菜。

爆：爆是一种典型的急火短时间加热，迅速成菜的烹调方法，较突出的一点是勾芡，要求芡汁要包住主料而显得油亮。

煎：煎一般是以温火将锅烧热后，倒入能布满锅底的油量，再放入加工成扁形的材料，

继续用温火先煎好一面，再将材料翻一个身，煎另一面，放入调味料，而后翻几下即成。

烧：烧分为干烧法和家常烧法两种。干烧是用中火慢烧，使有浓厚味道的汤汁渗透于材料之中，自然成汁，醇浓厚味。家常烧是先用中火热油，入汤烧沸去渣，放料，再用小火慢烧至成熟入味，再勾芡而成。

烹调特点

选料认真：川菜要求对材料进行严格选择，做到量材使用，物尽其用，既要保证质量，又要注意节约。材料力求鲜活，并要讲究时令。

刀工精细：刀工是川菜制作的一个很重要的环节。它要求制作者认真细致，讲究规格，根据菜肴烹调的需要，将材料切配成形，使之大小一致、长短相等、粗细一样、厚薄均匀。

合理搭配：川菜烹饪，要求对材料进行合理搭配，以突出其风味特色。川菜材料分独用、配用，讲究浓淡、荤素适当搭配。味浓者宜独用，不搭配；淡者配淡，浓者配浓，或浓淡结合，但均不使其夺味；荤素搭配得当，不能混淆。

第一章

素菜类

　　川味的素菜很有特色，营养也非常丰富。在选购上要挑选新鲜的材料，力求清爽素净。在烹饪手法上花样繁多，有小火慢炒、大火爆香等。下面就将呈现各式川味素菜的具体做法，让你可以轻松做出正宗美味的川味素菜。

麻辣香干

　　香干鲜香可口、营养丰富，富含蛋白质、维生素 A、B 族维生素，以及钙、铁、镁、锌等营养素，具有开胃消食、增强机体免疫力等功效，可预防血管硬化和心血管疾病，还能保护心脏、补充钙质，尤其适合食欲不振及身体瘦弱者食用。

材料

香干	300 克	生抽	3 毫升
红椒	15 克	食用油	少许
葱花	10 克	辣椒油	少许
盐	4 克	花椒油	适量
鸡精	3 克		

小贴士

香干中钠含量较高，糖尿病、肥胖症及肾脏病、高脂血症患者慎食。购买回来的香干，宜冷藏保存，且应尽快食用完。

制作提示

香干不可煮太久，否则会影响成品的口感。

做法演示

1. 洗净的香干切成约 1 厘米厚的片，再切成条。

2. 洗净的红椒切开，去籽，切成丝。

3. 锅中加清水烧开，加少许食用油、盐、鸡精。

4. 倒入香干，煮约 2 分钟至熟。

5. 将煮好的香干捞出。

6. 将捞出的香干装入碗中，加入切好的红椒丝。

7. 加入适量盐、鸡精。

8. 倒入辣椒油。

9. 淋入适量花椒油。

10. 加入少许生抽。

11. 撒上葱花，用筷子拌匀。

12. 将拌好的香干装盘即可。

口味 辣　　人群 一般人群　　技法 拌

莴笋丝拌鱼腥草

　　莴笋肉质细嫩，不仅是营养丰富的食材，还具有药用功效。莴笋含糖量低，但含烟酸较高，而烟酸被视为胰岛素的激活剂，因此，莴笋很适合糖尿病患者食用。同时，莴笋含有少量的碘元素，具有镇静作用，经常食用有助于消除紧张情绪，帮助睡眠。

材料

莴笋	150 克	白糖	3 克
鱼腥草	100 克	食用油	少许
红椒	15 克	辣椒油	少许
蒜末	20 克	花椒油	适量
盐	3 克	香油	适量
味精	3 克		

小贴士

挑选莴笋时，以叶绿、根茎粗壮的新鲜莴笋为佳。建议现买现食，莴笋在冷藏条件下保存不宜超过 1 周。

制作提示

焯莴笋丝的时间不宜过长，温度也不宜过高。

做法演示

1. 将洗好的鱼腥草切段。

2. 将已去皮洗好的莴笋切丝。

3. 将红椒洗净切丝。

4. 锅中注水烧开，加适量盐、食用油煮沸，倒入莴笋丝。

5. 煮熟捞出。

6. 倒入鱼腥草，煮熟捞出。

7. 取一大碗，倒入鱼腥草、莴笋丝、蒜末、红椒丝。

8. 加入盐、味精、白糖。

9. 加入辣椒油。

10. 加入花椒油。

11. 再加入香油，拌匀。

12. 装入盘中即成。

绝味泡双椒

　　青椒含有辣椒素及维生素 A、维生素 C 等多种营养物质，具有增强体力的作用，还能缓解因工作、生活压力造成的疲劳。此外，青椒特有的味道和所含的辣椒素有刺激唾液和胃液分泌的作用，食之可以增进人的食欲，并帮助消化。

材料

红椒	100 克	白糖	15 克	
青椒	100 克	白酒	15 毫升	
洋葱	60 克	白醋	10 毫升	
蒜	20 克			
盐	20 克			

小贴士

选购洋葱时，以球体完整、没有裂开或损伤，表皮完整光滑，外层保护膜较多的为佳。

制作提示

洋葱的辛辣味对眼睛有刺激作用，患有眼疾或眼部充血者，不宜切洋葱。

做法演示

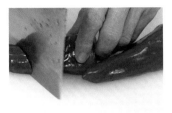

1. 将洗好的红椒切成小段。

2. 将洗净的青椒切成小段。

3. 把已经去皮、洗净的洋葱切成片。

4. 将切好的红椒和青椒分别放入碗中。

5. 加入盐、白糖、白酒和白醋。

6. 倒入 300 毫升矿泉水。

7. 用筷子充分拌匀。

8. 倒入蒜和切好的洋葱。

9. 用筷子搅拌至入味。

10. 将拌好的材料全部装入玻璃罐中。

11. 盖上盖子，拧紧，置于阴凉处浸泡 7 天。

12. 泡菜制成，取出食用即可。

香辣花生仁

　　花生仁含有丰富的蛋白质、维生素 A、维生素 B_6、维生素 E、维生素 K 和钙、磷、铁等营养成分，其中的氨基酸含量尤其丰富，具有促进脑细胞发育、增强记忆力的功效，对营养不良等多种病症也有较好的食疗作用。

材料

花生仁	300 克	味精	适量
干辣椒	8 克	盐	适量
辣椒油	10 毫升	食用油	适量
辣椒面	15 克		

花生　　　　干辣椒　　　辣椒油　　　辣椒面

小贴士

　　花生以粒圆饱满、无霉蛀的为佳，干瘪的为次品。花生容易霉变，所以应晒干后放在低温、干燥的地方保存。

制作提示

　　花生仁的红衣营养非常丰富，具有补血止血的功效，烹制花生仁时，不必将其红衣去除。

做法演示

1. 锅中加适量清水烧开。

2. 倒入花生仁，加入少许盐，煮约 3 分钟后，捞出沥水。

3. 起锅，注入食用油，烧至五成热。

4. 倒入花生仁，炸约 2 分钟后，捞出装盘。

5. 锅留底油，倒入干辣椒、辣椒面翻炒出辣味。

6. 倒入炸好的花生仁。

7. 淋入辣椒油。

8. 加入少许盐、味精炒匀。

9. 盛出装盘即可。

口味 辣　　人群 一般人群　　技法 蒸

麻酱冬瓜

　　冬瓜的营养价值很高，含有丰富的蛋白质、碳水化合物、维生素及钙、铁、镁、磷、钾等矿物质，具有润肺生津、化痰止咳、利尿消肿、清热消暑、解毒的功效。此外，冬瓜还含有大量的膳食纤维，能够刺激肠道蠕动，排出致癌物质。

材料

冬瓜	300 克	鸡精	3 克
红椒	30 克	料酒	少许
葱条	15 克	芝麻酱	少许
生姜片	15 克	食用油	适量
盐	2 克		

小贴士

冬瓜清凉可口，水分多，味清淡，具有消暑解热、利尿消肿的功效，湿热体质者可适量多吃。

制作提示

蒸冬瓜时，时间和火候一定要够，不然蒸出的冬瓜太硬，影响口感。

做法演示

1. 将去皮洗净的冬瓜切块。

2. 把部分生姜片切成末；洗净的红椒切成粒。

3. 将葱条洗净，取部分切成葱花。

4. 热锅注入食用油烧热，倒入冬瓜，滑油片刻后捞出。

5. 锅留底油，倒入葱条、生姜片。

6. 注入清水、加入适量料酒、鸡精、盐，倒入冬瓜煮沸。

7. 捞出煮好的冬瓜，备用。

8. 将冬瓜放入蒸锅，蒸至熟软。

9. 揭盖，取出蒸软的冬瓜。

10. 油锅爆香红椒粒、生姜末和部分葱花,再倒入冬瓜炒匀。

11. 倒入少许芝麻酱，拌炒均匀。

12. 盛入盘中，撒上葱花即可。

辣炒包菜

　　包菜富含铜，铜是人体健康不可缺少的微量元素，对血液、中枢神经、免疫系统、皮肤和骨骼组织，以及脑、肝、心等内脏的发育和功能有重要影响。包菜还富含钾，有助于维持神经健康、心跳规律正常，还可以预防中风，并协助肌肉正常收缩。

材料

包菜	300 克	豆瓣酱	10 克
青椒	15 克	盐	3 克
红椒	15 克	味精	2 克
干辣椒	10 克	水淀粉	少许
蒜末	10 克	食用油	适量

包菜　　　　青椒　　　　红椒　　　　干辣椒

小贴士

选购包菜时，以清洁、无杂质、外观形状完好、茎基部削平、叶片附着牢固者为佳。

制作提示

包菜含有丰富的维生素C，因此，炒制包菜的时间不宜过长，否则会使其中的维生素C流失掉。

做法演示

1. 将择好的包菜清洗干净，切成细丝。

2. 将洗净的青椒切成细丝。

3. 将洗净的红椒切成细丝。

4. 锅置火上，放入食用油烧热，再放入蒜末、切碎的干辣椒。

5. 放入青椒丝、红椒丝炒香。

6. 倒入包菜丝，放入豆瓣酱。

7. 加入盐、味精，翻炒至熟并入味。

8. 加水淀粉勾芡。

9. 淋入熟油，盛出装盘即成。

莴笋泡菜

　　莴笋中含有丰富的钙和磷，可以促进骨骼的正常发育，预防佝偻病，对牙齿的生长也有好处。莴笋中还含有一定量的微量元素锌、铁，其钾离子含量也比较丰富，是钠盐含量的 27 倍，有利于调节体内盐的平衡。

材料

莴笋	400 克	盐	15 克
葱	25 克	白糖	10 克
蒜	10 克	生抽	适量
红椒	15 克	香油	少许

莴笋　　　葱　　　蒜　　　红椒

小贴士

莴笋浸泡的时间不宜过长，否则口感就不脆爽了。莴笋与蒜搭配可以预防和辅助治疗高血压。

制作提示

腌渍莴笋时，不宜放过多的盐。因为过多的盐不仅会破坏莴笋的营养结构，而且会使口感变差。

做法演示

1. 将洗净去皮的莴笋切块。

2. 将洗好的葱切段；蒜去皮洗净，拍松。

3. 将洗净的红椒切斜圈。

4. 将切好的莴笋放入碗中，加盐拌匀，腌渍 20 分钟。

5. 放入葱段、红椒、蒜拌匀。

6. 加白糖、生抽、香油拌匀。

7. 将所有原料倒入泡菜瓶中。

8. 加入适量矿泉水，加盖，浸泡 1 天。

9. 取出泡好的莴笋即可食用。

泡菜炒年糕

　　泡菜含有较多的维生素、钙、磷及多种氨基酸等营养成分。此外，泡菜还含有丰富的活性乳酸菌，能够抑制肠道腐败菌的生长，具有促进消化、降低胆固醇等功效。因此，肠胃功能较弱以及消化不良者可以经常食用泡菜。

材料

泡菜	200 克	鸡精	2 克
年糕	100 克	白糖	少许
葱白	15 克	水淀粉	少许
葱段	15 克	香油	适量
盐	3 克	食用油	适量

年糕　　　　葱　　　　盐　　　白糖

小贴士

　　干年糕片事先要浸泡过夜，天气炎热时最好放冰箱保鲜。年糕宜加热后食用，因为冷年糕不但口感不好，还不易消化。

制作提示

　　泡菜本身含有较多的盐分，因此，在炒制过程中加少许盐调味即可。

做法演示

1. 将洗净的年糕切块，备用。

2. 锅中加适量清水烧开，倒入年糕。

3. 大火煮约 4 分钟，至熟软后捞出，沥干水分。

4. 起油锅，倒入葱白、泡菜。

5. 再倒入年糕，拌炒约 2 分钟。

6. 加入盐、鸡精、白糖调味后，翻炒均匀。

7. 用少许水淀粉勾芡，淋入香油炒匀。

8. 撒入葱段，拌炒均匀。

9. 盛入盘内即成。

泡椒炒西葫芦

　　西葫芦含有蛋白质、脂肪、天门冬氨酸等物质，而含钠量很低，是公认的保健食物。西葫芦具有促进人体内胰岛素分泌的作用，对防治糖尿病，预防肝、肾病变有一定的食疗作用，还有助于肝、肾功能衰弱者增强肝肾细胞的再生。

📋 材料

西葫芦	300 克	料酒	4 毫升
泡椒	30 克	味精	2 克
红椒	20 克	水淀粉	适量
生姜片	15 克	蚝油	4 毫升
蒜末	15 克	食用油	适量
盐	3 克		

西葫芦　　泡椒　　　红椒　　　蒜

📷 做法演示

1. 把洗净的西葫芦切成片，再改切成丝。

2. 将洗好的红椒切成段，再改切成丝。

3. 将泡椒切成丁。

4. 油锅烧热，倒入生姜片、蒜末、红椒、泡椒爆香。

5. 倒入切好的西葫芦丝，翻炒片刻。

6. 加入少许料酒炒香，再加入盐、味精。

7. 加入蚝油，拌炒1分钟至入味。

8. 加入水淀粉勾芡，拌炒均匀。

9. 起锅，盛入盘中即可。

香辣干锅菜花

　　菜花的营养成分不仅含量高，而且十分全面，主要有蛋白质、碳水化合物、脂肪、矿物质、维生素 C 和胡萝卜素等。菜花质地细嫩，食用后易被人体消化吸收，适合老人和孩子食用。常食菜花具有爽喉、开音、润肺、止咳等功效。

材料

菜花	200 克	鸡精	3 克
五花肉片	50 克	料酒	5 毫升
干辣椒	7 克	蚝油	少许
蒜片	10 克	高汤	少许
葱段	10 克	食用油	适量
盐	3 克		

菜花　　　干辣椒　　　蒜　　　葱

小贴士

买回来的菜花用保鲜膜封好置于冰箱中，可保存 1 周左右。焯菜花时在水中加少许盐，可以让菜花保持脆爽鲜嫩，加少许色拉油，可以让菜花看起来更加油亮。

制作提示

五花肉用中火炒至出油，不仅油质好，香味也会很浓。

做法演示

1. 将洗净的菜花切成小朵。

2. 锅中倒入适量清水烧热，加入盐、食用油拌匀。

3. 放入切好的菜花，焯煮至八成熟，捞出备用。

4. 热锅注入食用油，倒入五花肉片，以中火炒至出油。

5. 倒入蒜片、干辣椒，翻炒出辣味，淋入少许料酒。

6. 倒入菜花，翻炒均匀，加入盐、鸡精、蚝油炒匀调味。

7. 注入少许高汤，大火煮沸。

8. 翻炒片刻至入味。

9. 加入葱段翻炒片刻，盛入干锅即可。

 口味 辣　　 人群 女性　　 技法 炒

泡椒炒藕丝

　　莲藕含有大量的维生素 C 和膳食纤维等营养成分，对肝病、便秘及糖尿病等患者十分有益。此外，莲藕中富含的丹宁酸还具有收缩血管和止血的作用，对瘀血、吐血以及白血病患者有很好的辅助治疗作用。

材料

莲藕	200 克	葱白	5 克
灯笼泡椒	50 克	盐	3 克
青椒	10 克	味精	3 克
红椒	10 克	水淀粉	适量
生姜片	8 克	白醋	3 毫升
蒜末	8 克	食用油	适量

小贴士

莲藕具有养阴清热、润肺止渴、清心安神的作用，可与花生同食，能起到清热去痘的功效。

制作提示

炒莲藕丝时，避免使用铁器，以免引起食物发黑。

做法演示

1. 红椒洗净去籽，切成丝。

2. 青椒洗净去籽，切成丝。

3. 莲藕去皮洗净，切成丝。

4. 灯笼泡椒对半切开。

5. 锅中加约 1000 毫升清水烧开，加入少许白醋。

6. 倒入切好的莲藕丝，煮沸后捞出。

7. 油锅烧热，倒入生姜片、蒜末、葱白爆香。

8. 加入切好的青椒丝、红椒丝。

9. 倒入灯笼泡椒炒香。

10. 倒入莲藕翻炒，加盐、味精，炒匀调味。

11. 再加入少许水淀粉，快速翻炒均匀。

12. 盛出装盘即可。

回锅莲藕

莲藕不仅具有很高的营养价值，还具有良好的药用价值，自古以来就深受人们的喜爱。莲藕含有丰富的淀粉、蛋白质、脂肪、碳水化合物、粗纤维、糖、钙、磷、铁、维生素 C 等营养成分，食用后有健脾开胃、补血养心的功效。

材料

莲藕	350 克	白糖	2 克
红辣椒圈	10 克	鸡精	2 克
葱白	10 克	水淀粉	适量
葱花	10 克	食用油	适量
盐	2 克		

莲藕　　　红辣椒圈　　　葱　　　白糖

小贴士

选购莲藕时，要注意挑选外皮呈黄褐色、藕节短、藕身粗，且肉质肥厚白嫩的。如果莲藕发黑，或是有异味，则不要购买。

制作提示

如果要保存切开的莲藕，可在切口处包好保鲜膜，再放入冰箱。莲藕不易腐烂，可冷藏保鲜 1 周左右。

做法演示

1. 锅中注水，放入去皮洗净的莲藕，加盖焖煮，熟后捞出。

2. 将莲藕改刀切丁。

3. 锅中注入食用油烧热，倒入莲藕丁。

4. 放入红辣椒圈、葱白，快速翻炒均匀。

5. 加入盐、白糖。

6. 放入鸡精炒匀。

7. 加少许水淀粉翻炒片刻。

8. 撒入葱花。

9. 出锅，盛入盘内即可。

宫保茄丁

　　茄子含有丰富的蛋白质、脂肪、碳水化合物、多种维生素以及钙、铁等营养成分，具有保护心血管、清热解毒及延缓衰老的作用。茄子中还含有龙葵碱，具有抑制消化系统肿瘤增殖的功效，对于防治胃癌有一定的辅助食疗作用。

材料

茄子	150 克	味精	2 克
花生仁	50 克	豆瓣酱	少许
干辣椒	10 克	料酒	少许
葱块	8 克	淀粉	适量
生姜片	8 克	水淀粉	适量
蒜末	5 克	食用油	适量
盐	2 克		

小贴士

在蔬菜中，茄子的营养素含量中等，但茄子富含维生素 E 和维生素 P，其中的维生素 E 可抗衰老。

制作提示

把淀粉和蛋液调成糊，将茄子挂糊后再炸，能减少维生素 P 的损失。

做法演示

1. 将洗净的茄子去皮，切丁。

2. 将洗净的葱切丁。

3. 锅中加水烧开，倒入洗好的花生仁，加盐煮熟。

4. 捞出煮好的花生仁，沥干。

5. 将花生仁入油锅略炸，捞出。

6. 茄子丁撒上淀粉拌匀。

7. 将茄子丁放入热油锅中，小火炸 1 分钟至呈金黄色。

8. 捞出炸好的茄子丁。

9. 锅留底油，倒入生姜片、蒜末、葱块、干辣椒爆香。

10. 倒入茄子丁，加入盐、味精、豆瓣酱和料酒。

11. 炒匀后，加入少许清水拌炒入味，加入水淀粉勾芡。

12. 倒入花生仁炒匀，盛入盘中即成。

干煸苦瓜

　　苦瓜含有丰富的蛋白质、脂肪、碳水化合物以及维生素 C 等多种营养成分。苦瓜味苦、性寒，归心、肺、脾、胃经，具有消暑清热、消炎解毒、健胃补脾、祛除邪热、聪耳明目、润泽肌肤、强身健体、使人精力旺盛、抗衰老的功效。

材料

苦瓜	250 克	盐	3 克
朝天椒	30 克	鸡精	2 克
干辣椒	10 克	老抽	适量
葱段	10 克	食用油	适量
蒜末	10 克		

苦瓜　　　　朝天椒　　　　干辣椒　　　　葱

小贴士

苦瓜切条后用凉水漂洗，边洗边用手轻轻捏，洗一会儿后换水再洗，如此反复漂洗三四次，苦汁会有所减轻。

制作提示

将苦瓜焯水后干煸，可去除苦瓜的部分苦味，干煸时不用放油，只需把水分炒干至表皮微微发蔫即可。

做法演示

1. 将洗净的苦瓜切成条。

2. 将朝天椒洗净切圈。

3. 油锅烧至四成热，倒入苦瓜，滑油 1 分钟后捞出。

4. 锅底留少许食用油，倒入准备好的蒜末。

5. 倒入干辣椒，爆香。

6. 加入朝天椒。

7. 放入苦瓜炒匀，加入盐、鸡精、老抽翻炒至入味。

8. 撒上葱段拌匀。

9. 将苦瓜盛入盘中即可。

△ 口味 辣　　◉ 人群 儿童　　✕ 技法 炒

干煸四季豆

　　四季豆含有丰富的钙、磷、铁、胡萝卜素等营养成分，具有调和脏腑、安养精神、益气健脾、消暑化湿和利水消肿的功效。此外，四季豆还含有丰富的蛋白质和多种氨基酸，经常食用可以起到健脾胃、增强食欲等效果。

🍴 材料

四季豆	300 克	味精	3 克
干辣椒	20 克	生抽	少许
蒜末	10 克	豆瓣酱	少许
葱白	10 克	料酒	适量
盐	3 克	食用油	适量

四季豆

干辣椒

蒜

葱

📝 小贴士

为防止中毒，四季豆食用前应加以处理，可用沸水焯透或用热油煸，直到变色熟透方可食用。鲜四季豆不宜保存太久，建议现买现食。

❗ 制作提示

四季豆滑油前，应沥干水分。滑油后的四季豆用大火快速翻炒至入味，口感更佳。

🖐 做法演示

1. 将四季豆洗净去蒂、去筋，切段。

2. 热锅注入食用油，烧至四成热，倒入四季豆。

3. 滑油片刻后，捞出。

4. 锅底留少许食用油，倒入准备好的蒜末、葱白。

5. 放入洗好的干辣椒，爆香。

6. 倒入滑油后的四季豆。

7. 加盐、味精、生抽、豆瓣酱、料酒。

8. 翻炒约 2 分钟至入味。

9. 盛出装盘即可。

干煸豇豆

豇豆可为人体提供易于消化吸收的优质植物蛋白、适量的碳水化合物以及矿物质、B族维生素、维生素C、膳食纤维等营养素。豇豆还具有很高的药用价值,有补脾、补肾、益气的功效,脾胃虚弱的人尤其适合食用。

材料

豇豆	300 克	盐	3 克
朝天椒	20 克	味精	3 克
干辣椒	15 克	陈醋	适量
花椒	3 克	食用油	适量
蒜	15 克		

豇豆

朝天椒

干辣椒

花椒

小贴士

烹调豇豆前应将豆筋摘除，否则既影响口感，又不易消化。

制作提示

豇豆入锅烹制的时间宜长不宜短，一定要将其彻底煮熟再食用，以防止中毒。因为生豇豆中含有皂角苷和植物凝集素，而这两种物质对胃黏膜有刺激作用。

做法演示

1. 豇豆去蒂去筋，清洗干净，切成约 5 厘米长的小段。

2. 蒜去皮清洗干净，切末。

3. 朝天椒清洗干净，切圈。

4. 热锅注入食用油，烧至五成热时，倒入豇豆拌匀。

5. 小火炸约 1 分钟至熟后，捞出。

6. 锅留底油，倒入蒜末、花椒、干辣椒煸香。

7. 倒入滑好油的豇豆，加入适量盐、味精。

8. 淋入少许陈醋，再放入朝天椒，翻炒至熟透。

9. 盛入盘内即成。

口味 辣　　人群 一般人群　　技法 焖

红烧油豆腐

　　油豆腐含有丰富的优质蛋白质、多种氨基酸、不饱和脂肪酸以及磷脂等营养成分。此外，油豆腐中铁、钙等矿物质的含量也非常高。经常食用油豆腐，可以起到补中益气、清热润燥、生津止渴的效果。

材料

油豆腐	300 克	盐	3 克	
干辣椒段	7 克	鸡精	3 克	
水发香菇	10 克	蚝油	少许	
葱段	5 克	高汤	少许	
辣椒酱	15 克	食用油	适量	

油豆腐　　　干辣椒　　　葱　　　水发香菇

小贴士

豆腐不待油热就下锅，才能炸成外脆内软的油豆腐。油豆腐与配料煨的时候，不可加盖，否则豆腐会起泡、生洞。

制作提示

倒入高汤的量以没过锅中的材料为佳，如果太少会导致粘锅。

做法演示

1. 油豆腐洗净，对半切开，装入盘中备用。

2. 油锅烧热，倒入干辣椒段、葱段和切好的水发香菇。

3. 加入辣椒酱炒香。

4. 倒入切好的油豆腐，快速拌炒片刻。

5. 注入少许高汤，翻炒至油豆腐变软。

6. 加盐、鸡精、蚝油调味，翻炒至熟透。

7. 将锅中材料盛入砂煲中。

8. 加盖，置于小火上焖煮片刻。

9. 撒上少许葱段，关火，端下砂煲即可。

△ 口味 辣　　◎ 人群 一般人群　　✗ 技法 炒

麻婆豆腐

　　豆腐的蛋白质含量比大豆高，而且豆腐蛋白属完全蛋白，不仅含有人体必需的 8 种氨基酸，且其比例也接近人体需要，营养价值很高。豆腐还含有脂肪、碳水化合物、维生素和矿物质等成分。豆腐中丰富的大豆卵磷脂有益于神经、血管和大脑的生长发育。

材料

嫩豆腐	500 克	辣椒油	少许
牛肉末	70 克	花椒油	少许
蒜末	少许	蚝油	9 毫升
葱花	少许	老抽	9 毫升
豆瓣酱	35 克	水淀粉	适量
盐	3 克	食用油	适量
鸡精	3 克		

做法

1. 将嫩豆腐洗净，切成小块。
2. 锅中注入 1500 毫升清水烧开，加入盐。
3. 倒入嫩豆腐煮约 1 分钟至入味，捞出备用。
4. 锅置大火上，注油烧热，倒入蒜末炒香。
5. 倒入牛肉末翻炒至变色，加入豆瓣酱炒香。
6. 注入清水，加鸡精、蚝油、老抽、盐炒至入味。
7. 倒入嫩豆腐，加入辣椒油、花椒油，轻轻翻动，改用小火煮约 2 分钟至入味。
8. 加入少许水淀粉勾芡，撒入部分葱花炒匀，盛入盘内，再撒入少许葱花即可。

第二章

畜肉类

畜肉品种多，味道丰富，选用畜肉作为烹制材料，是对素有"一菜一格，百菜百味"美誉的川菜的最好诠释。本章选择的菜肴让你在享受肉的醇正口感时，还能品味"麻"与"辣"的相互交融，真正感受到川菜的滋味。

香辣猪皮

　　猪皮含有的丰富胶原蛋白，在烹饪的过程中会转化为明胶，它能显著提高皮肤组织细胞的储水功能，从而防止皮肤过早出现褶皱，延缓皮肤衰老。因此，猪皮是女性美容的佳品。此外，猪皮还有滋阴补虚、清热利咽的功效。

材料

猪皮	150 克	蚝油	8 毫升
干辣椒	10 克	水淀粉	适量
蒜末	15 克	料酒	10 毫升
生姜片	15 克	老抽	少许
葱段	15 克	辣椒酱	少许
盐	2 克	食用油	适量

小贴士

以猪皮为材料加工成的皮花肉、皮冻、火腿等肉制品，不但口感好，而且对人的皮肤、骨骼、毛发都有重要的保健作用。

制作提示

猪皮汆熟捞出后，要趁热将肥油刮除干净，以免油脂融入汤汁，使菜肴太油腻。

做法演示

1. 将洗净的猪皮汆煮约 5 分钟至熟，捞出后抹上老抽。

2. 锅中注入食用油烧热，倒入猪皮，加盖，炸约 1 分钟。

3. 揭盖，捞出猪皮沥油。

4. 将猪皮切成丝。

5. 锅留底油，倒入生姜片、蒜末和洗好的干辣椒，爆香。

6. 再倒入辣椒酱拌匀。

7. 倒入猪皮。

8. 快速拌炒均匀。

9. 淋入料酒拌匀，再加盐、蚝油炒入味。

10. 加入少许水淀粉，炒匀。

11. 撒入葱段拌匀。

12. 盛入盘内即可。

芽菜肉碎炒四季豆

四季豆中含有蛋白质和多种氨基酸，经常食用能健脾利胃、增进食欲。夏季多食四季豆能消暑、清口，且四季豆含有的大量维生素 K，能增加骨质疏松患者的骨密度，降低骨折的风险。

📋 材料

五花肉末	70 克		盐	3 克
四季豆	150 克		味精	3 克
芽菜	60 克		料酒	少许
蒜末	5 克		生抽	适量
红椒末	8 克		食用油	适量

五花肉末　　四季豆　　芽菜　　红椒

✏️ 小贴士

　　五花肉的肥肉遇热容易化，五花肉的瘦肉嫩而多汁，且久煮也不柴。湿热瘀滞内蕴者慎食；肥胖以及血脂较高者也不宜多食五花肉。

❗ 制作提示

　　四季豆先用油炸熟再炒，比较省时间。芽菜有咸味，调味时要少放点盐。

🍳 做法演示

1. 将洗净去蒂去筋的四季豆切小段。

2. 热锅注入食用油，烧至三成热，倒入四季豆。

3. 滑油片刻后捞出。

4. 锅留底油，倒入五花肉末翻炒至出油。

5. 再加入蒜末、红椒末炒香，淋入料酒、生抽炒香。

6. 倒入芽菜炒匀，加入四季豆翻炒至熟。

7. 放盐、味精炒至入味。

8. 淋入熟油拌匀。

9. 盛入盘中即可。

芽菜肉末炒春笋

猪肉是人们日常餐桌上重要的动物性食物之一，也是人类摄取动物类脂肪和蛋白质的主要来源。猪肉营养丰富，蛋白质和胆固醇含量较高，还富含维生素 B_1 和锌等营养成分，有滋养脏腑、润滑肌肤、补中益气、滋阴养胃等功效。

材料

春笋	250 克	红椒末	8 克
五花肉末	120 克	盐	2 克
芽菜	150 克	水淀粉	少许
生姜片	5 克	生抽	少许
蒜末	5 克	料酒	适量
葱段	8 克	食用油	适量

春笋　　　五花肉末　　芽菜　　　生姜

做法演示

1. 将洗好的春笋切丁。

2. 锅中注入清水，加入盐和食用油烧热。

3. 倒入春笋丁，烧开后捞出。

4. 锅置大火上，注入食用油烧热，倒入五花肉末炒散。

5. 加入盐、生抽、料酒炒匀。

6. 倒入红椒末、蒜末、葱段、生姜片，拌炒均匀。

7. 再倒入春笋丁、洗好的芽菜，翻炒均匀。

8. 加入少许水淀粉勾芡，炒匀。

9. 盛入盘内即可。

🧂 口味 辣　　😊 人群 女性　　🍴 技法 炒

四季豆炒回锅肉

　　四季豆含有较多的优质蛋白、不饱和脂肪酸、矿物质、膳食纤维及多种氨基酸，它还含有较多的维生素，对皮肤、头发大有好处。经常食用四季豆，可提高肌肤的新陈代谢，促进机体排毒，令肌肤常葆青春。

材料

四季豆	150 克	葱白	少许
五花肉	120 克	盐	3 克
干辣椒	6 克	鸡精	3 克
红椒片	10 克	辣椒酱	少许
蒜苗段	30 克	老抽	适量
蒜末	5 克	水淀粉	适量
生姜片	5 克	食用油	适量

小贴士

猪肉性味酸冷、微寒，有滋腻阴寒之性；牛肉则气味甘温，能补脾胃、壮腰脚，有安中益气之功。

制作提示

烹调四季豆前，应将豆筋摘除，否则既影响口感，又不易消化。

做法演示

1. 锅中倒入清水烧开，放入洗净的五花肉，盖上锅盖。

2. 焖煮约3分钟至断生后捞出，稍放凉。

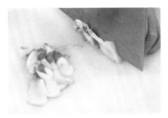

3. 将五花肉切成片。

4. 将四季豆去蒂去筋后洗净、切断。

5. 热锅入油，烧至五成热，倒入四季豆滑油，断生时捞出。

6. 锅留底油，倒入蒜末、生姜片、葱白爆香。

7. 倒入五花肉，加入老抽炒匀。

8. 倒入干辣椒、四季豆炒匀。

9. 加清水翻炒约2分钟至熟透。

10. 加入辣椒酱、盐、鸡精炒匀。

11. 倒入红椒片和蒜苗段炒匀，加入少许水淀粉勾芡。

12. 盛入盘中即成。

蒜薹炒回锅肉

　　蒜薹含有辣素，其杀菌能力可达到青霉素的十分之一，对病原菌和寄生虫都有良好的杀灭作用，可以起到预防流感、预防伤口感染和驱虫的作用。蒜薹还含有丰富的纤维素，多食可促进消化、预防便秘。

56

材料

蒜薹	120 克	味精	3 克
五花肉	150 克	蚝油	8 毫升
红椒	15 克	料酒	10 毫升
生姜片	10 克	老抽	少许
葱白	10 克	水淀粉	适量
盐	3 克	食用油	适量

小贴士

蒜薹以刚采摘的脆嫩蒜薹为最佳，老蒜薹则不宜食用。蒜薹虽有护肝作用，但肝病患者不可过量食用。

制作提示

蒜薹入锅烹制的时间不宜过长，以免辣素被破坏，降低其杀菌作用。

做法演示

1. 锅中注入适量清水烧开，放入洗净的五花肉。

2. 加盖焖煮 7 分钟至熟，捞出，稍放凉。

3. 将五花肉切成片。

4. 把洗好的蒜薹切成段。

5. 将红椒洗净切片。

6. 锅中注油烧热，倒入蒜薹，滑油片刻至断生后，捞出。

7. 锅留底油，倒入五花肉炒至出油。

8. 加入老抽、料酒，将五花肉片翻炒至香。

9. 加入生姜片、葱白、红椒和蒜薹，翻炒至熟。

10. 加盐、味精和蚝油调味。

11. 再加少许水淀粉勾芡。

12. 盛入盘内即可。

干锅双笋

　　冬笋不仅质嫩味鲜、清脆爽口，还含有丰富的蛋白质、多种氨基酸、维生素以及钙、磷、铁等微量元素和丰富的纤维素，能够促进肠道蠕动、帮助消化、预防便秘。此外，冬笋还含有多糖物质，具有一定的抗癌作用。

材料

冬笋	300 克	红椒	25 克
莴笋	300 克	豆瓣酱	20 克
五花肉	少许	辣椒酱	20 克
干辣椒	20 克	盐	2 克
蒜苗段	25 克	蚝油	少许
生姜片	15 克	水淀粉	少许
青椒	25 克	食用油	适量

小贴士

冬笋连壳埋放到火堆煨熟后取出，放到阴凉潮湿的地方竖排放好，食用时去其外壳，切成薄片，用水漂除苦味即可。

制作提示

翻炒蒜苗的时间不宜过长，以免降低其杀菌效果。

做法演示

1. 洗好的冬笋切成片；去皮洗净的莴笋切成片。

2. 洗净的青椒、红椒均去籽、切片。

3. 洗好的五花肉切片。

4. 锅内注入食用油烧热，倒入五花肉爆香。

5. 加入少许蚝油，炒匀上色。

6. 倒入生姜片，加入豆瓣酱、辣椒酱炒匀。

7. 再倒入干辣椒、青椒片、红椒片炒匀。

8. 放入冬笋、莴笋炒匀，注入清水拌煮至熟透。

9. 转小火，加盐调味。

10. 倒入水淀粉炒匀。

11. 放入蒜苗段，炒至断生。

12. 盛入干锅内即成。

豆香猪皮

　　黄豆中的蛋白质不仅含量高，而且质量好，其氨基酸组成和动物蛋白相似，比较接近人体需要的比值。黄豆中的脂肪含有很多不饱和脂肪酸，容易被人体消化吸收，并且可以阻止胆固醇的吸收。所以黄豆对动脉硬化患者来说，是一种很理想的食物。

📋 材料

猪皮	150 克	蚝油	少许
熟黄豆	150 克	白糖	少许
青椒丝	30 克	水淀粉	适量
红椒丝	30 克	料酒	5 毫升
葱白	10 克	老抽	3 毫升
盐	3 克	食用油	适量

📝 小贴士

可将食用碱均匀涂抹在猪皮上面的蓝色印章上，这样，几个小时后除了印得比较深的部分，印章的痕迹大部分都会消失。

❗ 制作提示

猪皮在烹饪前一定要先将上面的毛刮除干净，因为吃入猪毛对健康不利。

📖 做法演示

1. 锅中倒入适量清水，放入猪皮汆熟。

2. 捞出猪皮，装入盘中。

3. 用老抽把猪皮抹匀。

4. 热锅注入食用油，烧至四五成热，放入猪皮。

5. 炸至金黄色捞出。

6. 将炸好的猪皮切丝。

7. 热锅注入食用油，倒入熟黄豆、葱白翻炒。

8. 再倒入猪皮、青椒丝、红椒丝，拌炒至熟。

9. 加盐、白糖、料酒、蚝油拌匀调味。

10. 加少许水淀粉勾芡。

11. 淋入熟油，续炒片刻至入味。

12. 出锅盛盘即可。

回锅猪肘

杭椒所含的辣椒素是一种抗氧化物质，它可终止细胞组织的癌变过程，降低癌症的发生概率。同时，杭椒温中散寒，还是一种可用于治疗食欲不振等症的佳品。猪肘的营养价值也很高，含有较多的胶原蛋白，具有延缓皮肤衰老的作用。

材料

卤猪肘	160 克	味精	2 克
杭椒	25 克	蚝油	少许
蒜末	5 克	水淀粉	少许
朝天椒末	15 克	料酒	适量
豆瓣酱	10 克	食用油	适量
盐	2 克		

猪肘　　　杭椒　　　蒜　　　朝天椒

小贴士

修割猪肘时，注意要将其皮面留长一点，因为猪肘的皮面含有丰富的胶质，加热后收缩性较大，而其肌肉组织的收缩性则相对较小。

制作提示

切辣椒之前，先将刀在冷水中蘸一下再切，眼睛就不会被辣味刺激到了。

做法演示

1. 将卤猪肘切成片。

2. 将洗好的杭椒切成片。

3. 热锅注入食用油，倒入猪肘翻炒片刻。

4. 倒入蒜末、朝天椒末，拌炒均匀。

5. 加入豆瓣酱炒香，淋入料酒拌匀。

6. 倒入杭椒拌炒至熟。

7. 加盐、蚝油、味精炒匀。

8. 再加水淀粉勾芡，炒至入味。

9. 盛盘即可。

△口味 辣　◎人群 一般人群　✖技法 焖

尖椒烧猪尾

　　猪尾含有较多的蛋白质,具有补阴益髓的作用,可改善腿脚无力、腰酸背痛等症状,还可预防骨质疏松。青少年常食猪尾可促进骨骼发育。中老年人常食猪尾,可延缓骨质老化、早衰。

材料

猪尾	300 克	盐	4 克
青尖椒	60 克	蚝油	少许
红尖椒	60 克	老抽	少许
生姜片	5 克	白糖	3 克
蒜末	5 克	料酒	4 毫升
葱白	5 克	辣椒酱	适量
水淀粉	适量	食用油	适量

做法演示

1. 将洗净的猪尾斩块。

2. 将洗净的青尖椒切成片。

3. 将洗净的红尖椒切成片。

4. 锅中加水，加入料酒烧开，倒入猪尾。

5. 汆至断生后捞出。

6. 起油锅，放入生姜片、蒜末、葱白爆香。

7. 放入猪尾，加料酒炒匀，再倒入蚝油、老抽拌炒均匀。

8. 加入少许清水，加盖，用小火焖煮 15 分钟。

9. 揭盖，加入辣椒酱拌匀，再焖煮片刻。

10. 加入盐、白糖炒匀，倒入青尖椒片、红尖椒片炒匀。

11. 用水淀粉勾芡，淋入熟油，拌炒均匀。

12. 出锅盛入盘中即成。

泡椒肥肠

　　肥肠含有人体必需的钠、锌、钙、蛋白质、脂肪等营养成分，具有润肠、补虚、止血之功效，可用于辅助治疗虚弱、口渴、痔疮、便秘等症，尤其适用于消化系统疾病患者。不过，因肥肠的胆固醇含量高，有高血压、高脂血症、糖尿病以及心脑血管疾病的患者不宜多吃。

材料

熟肥肠	300 克	蒜末	5 克
灯笼泡椒	60 克	盐	3 克
蒜梗	30 克	水淀粉	适量
干辣椒	10 克	老抽	3 毫升
葱白	10 克	食用油	适量
生姜片	5 克	料酒	适量

小贴士

质量好的辣椒表皮有光泽，无破损，无皱缩，形态丰满，无虫蛀。生姜存放在阴凉潮湿处，或埋入湿沙内，可防冻。

制作提示

肥肠在烹制前，可以先用醋浸泡一会儿，去其腥味。

做法演示

1. 将洗净的蒜梗切成约 2 厘米长的段。

2. 将灯笼泡椒洗净，对半切开。

3. 将熟肥肠切成块。

4. 油锅烧热，倒入生姜片、蒜末、葱白爆香。

5. 倒入切好的熟肥肠炒匀。

6. 倒入干辣椒翻炒均匀。

7. 加老抽、料酒炒香，去腥。

8. 倒入切好的灯笼泡椒。

9. 再加入切好的蒜梗。

10. 加盐炒匀调味。

11. 加水淀粉勾芡，加少许熟油炒匀。

12. 盛出装盘即可。

△ 口味 辣　☺ 人群 一般人群　✖ 技法 炒

泡椒猪小肠

　　猪小肠性寒，味甘，归大肠、小肠经，是猪肠中脂肪含量最少的部分，具有润肠、祛风、解毒、止血的功效，对下焦风热、小便频数等症有很好的食疗效果，还可辅助治疗肠风便血、血痢、痔漏、脱肛等症。

材料

熟猪小肠	150 克	盐	3 克
白萝卜	250 克	味精	2 克
灯笼泡椒	30 克	鸡精	2 克
蒜末	5 克	水淀粉	少许
生姜片	5 克	料酒	少许
豆瓣酱	10 克	蚝油	适量
葱白	10 克	食用油	适量

小贴士

豆瓣酱有益气健脾、利湿消肿之功效，同时它还含有大脑和神经组织的重要组成部分——磷脂，有健脑作用，可增强记忆力。

制作提示

泡椒具有辣而不燥、辣中微酸的特点，与猪小肠同煮，可以减轻猪小肠的异味。

做法演示

1. 将去皮洗净的白萝卜切成片。

2. 将灯笼泡椒洗净，对半切开。

3. 将熟猪小肠切段。

4. 锅中加清水烧开，放盐后，倒入白萝卜煮沸。

5. 用漏勺捞出白萝卜，备用。

6. 倒入熟猪小肠，煮片刻捞出。

7. 油锅烧热，倒入蒜末、生姜片、豆瓣酱、葱白炒香。

8. 加入熟猪小肠，倒入灯笼泡椒炒匀。

9. 淋上料酒、蚝油炒匀。

10. 倒入白萝卜，加盐、味精、鸡精调味。

11. 倒入水淀粉和熟油，翻炒至入味。

12. 盛入盘中即成。

红油拌肚丝

　　猪肚含有蛋白质、钙、磷、铁、维生素 B_2 等营养成分，不仅口感特别，而且具有良好的药用价值。猪肚有补虚损、健脾胃的功效，多用于辅助治疗脾虚腹泻、虚劳羸弱、消渴、尿频或遗尿等症。

材料

猪肚	200 克	辣椒油	少许
红椒丝	30 克	生抽	3 毫升
蒜末	5 克	老抽	3 毫升
盐	3 克	香油	少许
味精	3 克	鲜露	适量
白糖	2 克		

猪肚　　　　红椒丝　　　　蒜　　　　白糖

小贴士

　　新鲜的猪肚呈白色且略带浅黄，质地坚挺厚实，有光泽，有弹性，黏液较多，但无异味。猪肚可用盐腌好后，放于冰箱中保存。

制作提示

　　新鲜的猪肚内含有较多的黏液，翻转后，需用盐、淀粉揉捏擦匀，用清水冲洗，重复数次。

做法演示

1. 锅中加 1500 毫升清水烧开，加少许鲜露。

2. 倒入洗净的猪肚，加入生抽、味精、白糖、老抽。

3. 加盖，小火煮 10 分钟至入味。

4. 将煮好的猪肚盛出，晾凉。

5. 把猪肚切成丝。

6. 将猪肚丝盛入碗中，加入红椒丝、蒜末。

7. 加入盐、辣椒油拌匀，再加少许香油。

8. 用筷子拌好。

9. 盛入盘中即成。

🅰口味 鲜　😊人群 男性　❎技法 拌

蒜末腰花

　　猪腰具有消积滞、补肾气、止消渴等功效，但猪腰中的胆固醇、嘌呤成分含量很高，患有"三高"病症者及老年人最好不要食用。猪腰还有滋肾利水的作用，孕妇可以偶尔食用以滋补肾脏，但不宜食用过量。

材料

猪腰	300 克	香油	4 毫升
蒜末	8 克	生抽	8 毫升
葱花	8 克	白醋	少许
盐	3 克	料酒	适量
味精	1 克		

小贴士

女性妊娠期间，肾血流量由孕前的每分钟 800 毫升增至每分钟 1200 毫升，肾脏负担增加，这时可适当吃些猪腰滋补肾脏。

制作提示

猪腰的肾上腺富含皮质激素和髓质激素，清洗时必须清除干净。

做法演示

1. 将洗净的猪腰对半切开，切去筋膜。

2. 将猪腰切麦穗花刀，再切片。

3. 将切好的猪腰花放入清水中，加白醋洗净。

4. 猪腰花装入碗中，加料酒、盐、味精拌匀，腌渍 10 分钟。

5. 锅中加清水烧开，倒入腰花。

6. 加入适量料酒去除猪腰花腥味，再煮约 1 分钟至熟。

7. 捞出煮好的猪腰花。

8. 将猪腰花盛入碗中，加入蒜末、盐、味精。

9. 再加入少许香油拌匀。

10. 加入生抽、葱花，搅拌均匀。

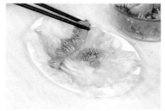

11. 将拌好的猪腰花摆入盘中。

12. 浇上碗底的味汁即可。

泡椒腰花

　　猪腰含有蛋白质、脂肪、碳水化合物、钙、磷、铁和维生素等，有健肾补腰、和肾理气之功效。中医认为，猪腰性味咸、平，归肾经，具有补肾益精、利水的功效，对肾虚腰痛、遗精、水肿、盗汗等症有很好的食疗效果。

材料

猪腰	300 克	味精	2 克
泡椒	35 克	料酒	少许
红椒圈	25 克	辣椒油	少许
蒜末	5 克	花椒油	适量
生姜末	5 克	淀粉	适量
盐	3 克	香菜叶	适量

小贴士

猪腰有理肾气、通膀胱、消积滞、止消渴的功效，主治肾虚所致的腰腿酸痛、肾虚遗精、耳聋、水肿、小便不利等症。

制作提示

将猪腰剥去薄膜，剖开，剔去筋，切好后用清水漂洗一遍，可以去除腥味。

做法演示

1. 将洗净的泡椒切碎。

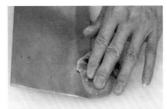

2. 将洗净的猪腰对半切开，切去筋膜。

3. 再将猪腰切上麦穗花刀，然后改切成片。

4. 将猪腰花盛入碗中，加料酒、盐、味精拌匀。

5. 再加少许淀粉拌匀，腌渍 10 分钟。

6. 锅中加清水烧开，倒入猪腰花煮约 1 分钟至熟。

7. 将煮熟的猪腰花捞出，装入碗中。

8. 加入盐、味精、泡椒。

9. 再加入红椒圈、蒜末、生姜末、辣椒油。

10. 用筷子充分拌匀。

11. 最后淋上花椒油，拌匀。

12. 盛入盘中，撒上香叶装饰即可。

⚠ 口味 酸　☺ 人群 男性　✂ 技法 拌

酸辣腰花

　　猪腰具有补肾气、通膀胱、消积滞、止消渴的功效，对肾虚腰痛、遗精、水肿、耳聋、盗汗等症有一定的食疗效果。中医有"以脏补脏"的说法，因此建议每周吃一次动物肾脏，以达到强身抗衰的目的。

📋 材料

猪腰	200 克	味精	2 克
蒜末	5 克	料酒	适量
青椒末	5 克	辣椒油	少许
红椒末	5 克	陈醋	适量
葱花	5 克	白糖	少许
盐	4 克	淀粉	适量

猪腰　　　青椒　　　红椒　　　　葱花

📝 小贴士

蒜可生食、捣泥食、煨食、煎汤饮，或捣汁外敷、切片灸穴位。发了芽的蒜食疗效果甚微。腌渍蒜时间不宜过长，以免破坏其有效成分。

❗ 制作提示

将猪腰与烧酒用 10：1 的比例拌匀、捏挤，用水漂洗三遍，开水烫一遍，也可去膻腥味。

🐟 做法演示

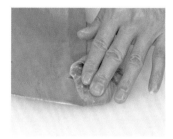

1. 将洗净的猪腰对半切开，切去筋膜。

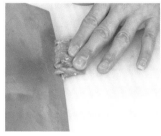

2. 再将猪腰切上麦穗花刀，改切成片，装碗备用。

3. 加料酒、味精、盐、淀粉拌匀，腌渍 10 分钟。

4. 锅中加水烧开，倒入猪腰花拌匀，煮 1 分钟至熟，捞出。

5. 将煮熟的猪腰花盛入碗中，再加入盐、味精。

6. 加入辣椒油、陈醋。

7. 最后加白糖、蒜末、葱花、青椒末、红椒末。

8. 将猪腰花和调味料拌匀。

9. 装盘即可。

酱烧猪舌

　　猪舌肉质坚实，无骨，无筋膜、韧带，熟后无纤维质感，且含有丰富的蛋白质、碳水化合物、维生素A、烟酸、铁、硒等营养成分，有滋阴润燥的功效，尤其适宜女性食用。猪舌的胆固醇含量较高，所以，胆固醇偏高的人不宜食用。

材料

熟猪舌	300 克	味精	3 克
蒜苗梗	45 克	白糖	2 克
蒜苗叶	45 克	料酒	10 毫升
生姜片	15 克	柱侯酱	少许
干辣椒	15 克	蚝油	适量
盐	3 克	食用油	适量

猪舌　　　蒜苗　　　生姜　　　干辣椒

小贴士

猪舌在烹饪前一定要将舌苔刮除干净，可以先将其放入沸水中烫一下，然后用小刀刮净。选购猪舌时，以舌心大的为佳。

制作提示

猪舌下锅炒制的时间不宜太长，应急火快炒，以保证猪舌鲜嫩的口感。

做法演示

1. 将洗净的熟猪舌切片，装入盘中备用。

2. 热锅注油，加入生姜片和洗好切段的蒜苗梗、干辣椒爆香。

3. 倒入熟猪舌，加入料酒，拌炒片刻。

4. 再加入柱侯酱，倒入蚝油。

5. 拌炒均匀。

6. 倒入洗好、切段的蒜苗叶，拌炒均匀。

7. 再加入盐、味精、白糖。

8. 快速炒匀使其入味。

9. 盛出装盘即可。

🔺口味 鲜　😊人群 儿童　🔪技法 煮

金针菇肥牛锅

　　金针菇的氨基酸含量很高，且高于一般菇类，尤其是赖氨酸和精氨酸的含量特别高，而这两种物质对促进儿童智力的发育很有帮助。此外，金针菇含有丰富的锌，有利于儿童身体的发育，因此儿童可以常食。

材料

肥牛卷	200 克	生姜片	8 克
金针菇	100 克	盐	3 克
青椒片	20 克	蚝油	5 毫升
红椒片	20 克	老抽	6 毫升
蒜苗	15 克	料酒	少许
洋葱片	10 克	食用油	适量
蒜末	5 克		

肥牛卷　　金针菇　　红椒　　　蒜苗

小贴士

　　金针菇不能生吃，一定要烹制熟再食用。选购金针菇时，要注意选择新鲜、无异味的。买回来的金针菇用保鲜膜封好，放置在冰箱中，可存放1周左右。

制作提示

　　金针菇的根部不宜食用，清洗时要将其切去。

做法演示

1. 热锅倒入食用油，放入生姜片、蒜末爆香。

2. 倒入青椒片、红椒片、洋葱片。

3. 放入洗净的金针菇炒匀，加入料酒、蚝油。

4. 注入少许清水炒匀。

5. 加盐、老抽调味。

6. 放入准备好的肥牛卷，拌煮至熟。

7. 倒入切好的蒜苗段拌匀。

8. 淋入少许食用油拌匀。

9. 将煮好的材料转至干锅即成。

卤水牛心

　　牛心含有丰富的蛋白质、脂肪、碳水化合物、维生素、烟酸、钾、钠等营养成分，具有明目、健脑、健脾、温肺、益肝、补肾、补血及养颜护肤等功效，尤其适宜更年期女性以及久病体虚的人群食用。

材料

牛心	150 克	花椒	8 克
生姜片	20 克	盐	3 克
葱段	20 克	生抽	8 毫升
草果	10 克	料酒	少许
桂皮	10 克	卤水	适量
干辣椒段	8 克	食用油	适量

小贴士

适宜吃牛心的体质有：平和体质、气虚体质、湿热体质、痰湿体质、阳虚体质、阴虚体质、瘀血体质。

制作提示

牛心形大，卤煮前可先剖开挖挤去瘀血，切去筋络，这样卤好的牛心味更醇。

做法演示

1. 锅中注水，加入料酒。

2. 烧开后，下牛心氽烫片刻，撇去浮沫。

3. 捞出牛心，洗净备用。

4. 油锅烧热，加入生姜片、葱段、草果、桂皮、干辣椒段。

5. 放入花椒，加入少许料酒。

6. 倒入适量清水。

7. 加入盐、生抽。

8. 烧开，放入牛心。

9. 加盖卤制 40 分钟，至入味。

10. 捞出牛心，放凉，切成片。

11. 装入盘中，加入少许卤水，用筷子拌匀。

12. 摆入另一个盘中即可。

⬛口味 辣　◉人群 一般人群　🍴技法 炒

小炒牛肚

　　牛肚含有蛋白质、脂肪、钙、磷、铁等营养成分，具有补益脾胃、补气养血、补虚益精等保健功效，适宜气血不足、营养不良、脾胃虚弱之人食用，对病后体虚、消化不良等症，也有良好的食疗效果。

📑 材料

熟牛肚	200 克	盐	3 克
蒜薹	80 克	味精	3 克
红椒丝	10 克	辣椒酱	少许
蒜末	5 克	水淀粉	适量
生姜片	5 克	食用油	适量

牛肚　　　蒜薹　　　红椒　　　生姜

📝 小贴士

蒜薹不宜烹制得过久，以免其辣素被破坏，杀菌作用降低。蒜薹不宜保存太久，购买后要尽快食用。

❗ 制作提示

烹制前可将牛肚放入热水锅中，加葱、生姜、料酒煮熟，这样既能缩短烹制时间，又能去除牛肚的异味。

📋 做法演示

1. 将蒜薹洗净切段。

2. 将熟牛肚洗净切丝。

3. 锅置大火上，注入食用油烧热，倒入蒜末、生姜片煸香。

4. 倒入切好的牛肚，拌炒片刻。

5. 倒入蒜薹，翻炒约 3 分钟至熟透。

6. 加入辣椒酱、盐、味精。

7. 放入红椒丝，翻炒均匀。

8. 倒入少许水淀粉，拌炒均匀。

9. 盛入盘内即成。

红油牛百叶

　　牛百叶营养丰富，含有蛋白质、脂肪、钙、磷、铁、烟酸、维生素 B_2 等营养成分，具有补益脾胃、补气养血的功效，还可缓解消渴、风眩之症，特别适宜病后身体虚弱、气血不足、营养不良、脾胃虚弱的人食用。

材料

牛百叶	350 克	盐	3 克
辣椒油	15 毫升	味精	3 克
香菜	25 克	陈醋	4 毫升
蒜	10 克	香油	适量
红椒	10 克	食用油	适量

 牛百叶　 香菜　 蒜　 红椒

小贴士

　　新鲜的牛百叶必须经过处理才会爽脆可口，可使用碱面反复揉搓，再用清水洗净。牛百叶有两种，吃饲料长大的牛百叶发黑，吃粮食庄稼长大的牛百叶发黄。

制作提示

　　牛百叶放入锅中烹煮时，以 80℃ 水温最合适，烹煮时间不宜过长。

做法演示

1. 蒜去皮洗净剁成蒜蓉。

2. 香菜洗净切碎。

3. 红椒洗净切丝。

4. 锅中倒入适量清水，加少许食用油烧开。

5. 加少许盐，倒入切好的牛百叶拌匀。

6. 汆约 1 分钟至熟，捞出装入碗内。

7. 将蒜蓉、红椒丝、香菜倒入碗中。

8. 加辣椒油、味精搅拌匀。

9. 再倒入少许陈醋、香油，拌匀即成。

口味 辣　　人群 一般人群　　技法 炒

泡椒牛肉丸花

　　泡椒含有脂肪、蛋白质、碳水化合物等营养成分,有提高食欲、帮助消化吸收的作用。牛肉丸富含蛋白质、碳水化合物、脂肪,有补中益气、滋养脾胃、强健筋骨等功效。两者搭配烹饪,不仅色泽美观、营养丰富,口味也更佳。

材料

牛肉丸	200 克	盐	3 克
灯笼泡椒	100 克	水淀粉	适量
生姜片	10 克	香油	4 毫升
葱段	10 克	料酒	5 毫升
味精	2 克	食用油	适量

牛肉丸　　　生姜　　　葱　　　盐

小贴士

料酒的主要功能在于增加食物的香味、去腥解腻，其主要适用于烹调肉类、家禽、海鲜等动物性材料，制作蔬菜时则没有必要放入料酒。

制作提示

将牛肉丸切上十字花刀，不仅外形美观，也更易入味，口感会更好。

做法演示

1. 将洗好的牛肉丸切上十字花刀。

2. 锅中注入食用油烧热，倒入牛肉丸，滑油片刻后捞出。

3. 锅留底油，倒入生姜片、葱段炒香。

4. 放入牛肉丸拌炒均匀。

5. 倒入灯笼泡椒，拌炒约 1 分钟至牛肉丸熟透。

6. 加入盐、味精和料酒调味。

7. 加少许水淀粉勾芡。

8. 加入香油，快速翻炒均匀。

9. 起锅，盛入盘中即成。

🔺 口味 酸　　😊 人群 一般人群　　✖ 技法 炒

鱼香肉丝

　　猪瘦肉含有蛋白质、脂肪、碳水化合物、多种维生素以及磷、钙、铁等矿物质，有滋阴润燥、补血养血的功效，对热病伤津、便秘、燥咳消渴等症有较好的食疗作用。猪瘦肉可提供人体所需的脂肪酸，经常食用可以辅助治疗缺铁性贫血。

📋 材料

猪瘦肉	150 克	料酒	5 毫升
水发黑木耳	40 克	盐	3 克
冬笋	100 克	味精	2 克
胡萝卜	70 克	生抽	3 毫升
蒜末	10 克	小苏打	10 克
生姜片	10 克	陈醋	5 毫升
蒜苗梗	10 克	食用油	适量
水淀粉	适量	豆瓣酱	适量

🍳 做法

1. 水发黑木耳洗净；冬笋洗净，胡萝卜去皮洗净，分别切丝；猪瘦肉洗净切丝，加盐、味精、小苏打、水淀粉、食用油腌渍入味。

2. 锅中注水烧开，加盐，倒入胡萝卜、冬笋、水发黑木耳煮至熟，捞出，沥干备用。

3. 油锅烧至四成热，放肉丝，滑油至白色捞出。

4. 锅留底油，倒入蒜末、生姜片、蒜苗梗爆香。

5. 放胡萝卜、冬笋、黑木耳、肉丝、料酒炒匀。

6. 加盐、味精、生抽、豆瓣酱、陈醋、炒匀调味。

7. 加入水淀粉勾芡，快速炒匀，盛出装盘即可。

第三章

禽蛋类

　　鸡肉、鸭肉、鸡蛋等禽蛋类食物中含有丰富的蛋白质、铁、钙等营养成分，是补充人体营养物质的重要食物源，也是人们最主要的动物性食物。我们一起来学习本章中的烹饪方法，做出既有营养又味道鲜美的菜肴吧！

芽菜碎米鸡

鸡肉营养丰富，是高蛋白、低脂肪的健康食物，其氨基酸的组成与人体的需要十分接近，同时它所含有的脂肪酸多为不饱和脂肪酸，极易被人体吸收。鸡肉含有的多种维生素、钙、磷、锌、铁、镁等营养成分，也是人体生长发育所必需的。

材料

鸡胸肉	150 克	葱姜酒汁	适量
芽菜	150 克	水淀粉	适量
生姜末	10 克	味精	3 克
葱末	10 克	白糖	3 克
辣椒末	10 克	食用油	适量
盐	3 克		

小贴士

质量好的鸡肉颜色白里透红，有亮度，手感光滑。鸡胸肉是肉类食物中较易变质的，所以购买之后要马上放进冰箱保存。

制作提示

鸡肉丁在烹饪前，加葱姜酒汁、水淀粉腌渍片刻，可去掉鸡肉的腥味。

做法演示

1. 把洗净的鸡胸肉切丁。

2. 盛入碗中。

3. 加入少许盐、葱姜酒汁。

4. 倒入少许水淀粉拌匀。

5. 锅中倒入少许清水烧开，倒入洗净切好的芽菜。

6. 焯熟后捞出备用。

7. 热锅注入食用油，倒入鸡胸肉丁翻炒约 3 分钟至熟。

8. 放入生姜末、辣椒末。

9. 倒入芽菜翻炒匀。

10. 加余下的盐、味精、白糖调味。

11. 撒入葱末拌匀。

12. 盛出装盘即成。

辣子鸡丁

　　鸡肉富含蛋白质、脂肪、维生素、碳水化合物，以及钙、铁、钾、硫等营养素，具有温中益气、益五脏、补虚损、健脾胃的功效。鸡肉还对营养不良、畏寒怕冷、乏力疲劳、月经不调、贫血等症有很好的食疗作用。

📋 材料

鸡胸肉	300 克	淀粉	5 克
干辣椒	20 克	鸡精	3 克
蒜片	8 克	料酒	3 毫升
生姜片	8 克	辣椒油	少许
盐	4 克	花椒油	少许
味精	3 克	食用油	适量

鸡胸肉　　　干辣椒　　　蒜　　　　生姜

📝 小贴士

选购时要注意鸡胸肉的外观、色泽、质感。一般来说，新鲜的鸡胸肉肉质紧密，有弹性，颜色呈干净的粉红色。

❗ 制作提示

需要注意的是，鸡肉丁入油锅炸制的时间不可太长，以免炸焦，既影响成品外观，又使口感大打折扣。

✉ 做法演示

1. 将洗净的鸡胸肉切成丁，装入碗中。

2. 加入少许盐、鸡精、料酒、淀粉拌匀，腌渍 10 分钟入味。

3. 热锅注油，烧至六成热，入鸡丁搅散，炸至金黄色捞出。

4. 另起锅，注入食用油烧热，倒入生姜片、蒜片炒香。

5. 倒入干辣椒拌炒片刻。

6. 倒入鸡丁炒匀。

7. 加入盐、味精、鸡精，炒匀调味。

8. 加少许辣椒油、花椒油，炒匀至入味。

9. 盛出装盘即可。

麻酱拌鸡丝

鸡胸肉中的蛋白质不仅含量丰富，而且消化率高，很容易被人体吸收利用，有强壮身体、增强体力的作用。鸡胸肉中还含有对人体生长发育起着重要作用的磷脂类，是中国人膳食结构中脂肪和磷脂的重要食物来源之一。

材料

鸡胸肉	200 克	鸡精	2 克
生姜	30 克	芝麻酱	10 克
红椒	15 克	香油	适量
葱	10 克	料酒	适量
盐	3 克		

小贴士

生姜含有辛辣和芳香成分，具有开胃健脾、促进食欲、杀菌解毒、降温防暑、提神醒脑、抗氧化、抑制肿瘤等功效。

制作提示

鸡胸肉煮熟捞出后，放入冰水中浸泡，让其迅速冷却，可使肉质更滑嫩。

做法演示

1. 锅中加水烧开，放入鸡胸肉，加少许料酒后加盖烧开。

2. 将鸡胸肉煮 10 分钟至熟后捞出，放入碗中待凉。

3. 将去皮洗净的生姜切成丝。

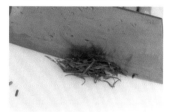

4. 把洗好的葱切细丝。

5. 将洗净的红椒切开，去籽，切成丝。

6. 将鸡胸肉拍松散。

7. 将鸡胸肉撕成丝。

8. 将鸡肉丝盛入碗中，加入红椒丝、生姜丝、葱丝。

9. 加盐、鸡精、芝麻酱调味，搅拌至入味。

10. 将拌好的鸡胸肉丝盛入盘中。

11. 淋入少许香油。

12. 摆好盘即成。

口味 辣　　人群 儿童　　技法 焖

泡椒三黄鸡

三黄鸡是我国著名的土鸡之一，与普通的肉鸡相比，其营养更加丰富，肉质更加细嫩，因其皮脆骨软、脂肪丰满和味道鲜美等特色，在国内外都享有很高的声誉。

材料

三黄鸡	300 克	淀粉	5 克
灯笼泡椒	20 克	鸡精	2 克
莴笋	100 克	味精	1 克
生姜片	5 克	生抽	5 毫升
蒜末	5 克	料酒	少许
葱白	5 克	水淀粉	少许
盐	3 克	食用油	适量

小贴士

莴笋中的钙含量丰富，可有效促进骨骼发育，预防佝偻病的发生，还有助于牙齿的生长，因此非常适合儿童食用。

制作提示

炒制鸡块时可加入少许红油，味道会更加鲜香。

做法演示

1. 将去皮洗净的莴笋切成滚刀块。

2. 将洗净的三黄鸡斩成块，装入碗中。

3. 加鸡精、盐、生抽、料酒、淀粉拌匀，腌渍10分钟入味。

4. 热锅注油，烧至五成热，倒入鸡块，滑油至转色后捞出。

5. 锅留底油，倒入生姜片、蒜末、葱白爆香。

6. 倒入莴笋、灯笼泡椒，拌炒片刻。

7. 倒入滑好油的鸡块，淋入少许料酒炒匀。

8. 加入约100毫升水、盐、味精、生抽、鸡精，拌炒均匀。

9. 加盖，小火焖2分钟至熟透。

10. 揭盖，加入少许水淀粉勾芡。

11. 大火收干汁。

12. 盛入盘中即可。

米椒酸汤鸡

　　米椒是原产于云南的一种小而辣的小辣椒，在川菜中常用来调味，其所含的辣椒素能提升胃温，起到杀虫和促进食欲的作用，适宜胃寒患者食用，但患有痔疮者慎食。

材料

鸡肉	300 克	葱白	5 克
酸笋	150 克	盐	4 克
米椒	40 克	白醋	6 毫升
红椒	15 克	生抽	6 毫升
蒜末	5 克	辣椒油	少许
生姜片	5 克	料酒	适量
鸡精	适量		

小贴士

米椒含有丰富的维生素 C、胡萝卜素、糖类及钙、磷、铁等矿物质，具有温中健胃、杀虫等功效。

制作提示

烹饪前将鸡肉去皮，不仅可以减少脂肪摄入，还可以让鸡肉的味道更鲜美。

做法演示

1. 米椒洗净切碎。

2. 红椒洗净切圈。

3. 洗净的鸡肉斩块。

4. 酸笋洗净切片。

5. 锅中加水烧开，倒入酸笋拌匀，煮沸后捞出。

6. 油锅烧热，倒入生姜片、葱白、蒜末爆香。

7. 倒入鸡肉块翻炒，淋入适量料酒。

8. 加入酸笋拌炒均匀。

9. 再放入米椒、红椒一起炒。

10. 加适量清水、辣椒油、白醋、盐、鸡精、生抽。

11. 加盖，中火焖煮约 10 分钟至熟透。

12. 盛出装盘即可。

白果炖鸡

白果是营养丰富、老少皆宜的高级滋补品，含有粗蛋白、粗脂肪、矿物质、粗纤维、维生素等营养成分。经常食用白果，可以滋阴养颜，抗衰老，还可扩张微血管，促进血液循环，使人肌肤白皙、面部红润，精神焕发。

材料

鸡	1 只	香菜	15 克
猪骨	200 克	生姜	20 克
猪瘦肉	100 克	枸杞	10 克
白果	120 克	盐	4 克
葱	15 克	胡椒粉	少许

鸡　　　猪瘦肉　　白果　　香菜

小贴士

白果有微毒，不可生食。烹饪前，要将白果浸泡于温水中，而且浸泡的时间不宜太短，然后将其放入开水锅中煮熟，再进行烹调，这样可以使有毒物质溶于水中或受热挥发。

制作提示

白果去掉硬壳后，可用开水烫一下，有助于剥去软皮。

做法演示

1. 猪瘦肉洗净，切块；生姜洗净拍扁；鸡处理干净。

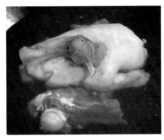

2. 锅中注水，放入洗净的猪骨、鸡肉和猪瘦肉，大火煮开。

3. 揭盖，捞起装盘。

4. 砂煲置大火上，加适量水，放入生姜、葱。

5. 倒入猪骨、鸡肉、猪瘦肉和白果。

6. 加盖烧开，转小火煲 2 小时。

7. 揭盖，调入盐、胡椒粉，再倒入枸杞点缀。

8. 挑去葱、生姜。

9. 撒入香菜即可。

泡椒炒鸡胗

　　泡椒含有脂肪、蛋白质、碳水化合物、纤维素等营养成分，具有色泽鲜亮、辣而不燥、辣中微酸的特点。泡椒鲜嫩清脆，可以增进食欲，还能帮助消化与吸收，对食欲不振、消化不良等症有良好的食疗效果。

材料

鸡胗	200 克	蚝油	3 毫升
泡椒	50 克	老抽	6 毫升
红椒圈	15 克	料酒	6 毫升
生姜片	5 克	水淀粉	适量
葱白	5 克	淀粉	适量
盐	3 克	食用油	适量

小贴士

凡内火偏旺、痰湿偏重，以及患有感冒发热、胆囊炎、胆石症、高脂血症、尿毒症者，应忌食鸡胗。

制作提示

因为鸡胗汆过水，所以不要炒太长时间，入味即可。

做法演示

1. 把洗净的鸡胗改刀切成片。

2. 将泡椒切成段。

3. 鸡胗加盐、料酒、淀粉拌匀，腌渍 10 分钟。

4. 锅中加清水烧开，倒入切好的鸡胗，至断生后捞出。

5. 油锅烧至四成热，倒入鸡胗，滑油片刻后捞出。

6. 锅留底油，放入生姜片、葱白、红椒圈爆香。

7. 倒入切好的泡椒，再加入鸡胗，炒约 2 分钟至熟透。

8. 加入盐、蚝油炒匀调味。

9. 加少许老抽炒匀上色。

10. 加水淀粉勾芡。

11. 淋入少许熟油炒匀。

12. 盛出装盘即可。

口味 辣　　人群 女性　　技法 拌

山椒鸡胗拌青豆

　　青豆含有丰富的蛋白质、脂肪、胡萝卜素、维生素C、亚油酸、钙、铁、硒等营养成分，具有养颜润肤、改善食欲不振、健脾宽中、清热解毒、益气等功效。经常食用青豆，还可促进大脑发育、提高记忆力。

📋 材料

鸡胗	100 克	鸡精	2 克
青豆	200 克	鲜露	3 毫升
泡椒	30 克	香油	少许
红椒	15 克	辣椒油	少许
生姜片	5 克	食用油	适量
葱白	5 克	料酒	适量
盐	3 克		

📝 小贴士

更年期的女性以及糖尿病和心血管病患者很适宜食用青豆，患有严重肝病、动脉硬化、痛风等病症者则不宜食用青豆。

❗ 制作提示

青豆不宜煮得太久，以免影响其鲜嫩口感。

📹 做法演示

1. 锅中加水烧开，加少许食用油、盐。

2. 倒入洗净的青豆，煮约 2 分钟至熟，捞出。

3. 原汤汁中加入鲜露。

4. 倒入鸡胗，加少许料酒，倒入生姜片、葱白。

5. 加盖，小火煮约 15 分钟。

6. 将鸡胗捞出，盛入碗中，晾凉。

7. 将红椒切开，去籽，切成丁。

8. 将泡椒切成丁。

9. 将煮熟的鸡胗切成小块。

10. 取一个干净的大碗，倒入青豆、鸡胗、泡椒、红椒。

11. 加盐、鸡精调味，淋入辣椒油、香油，拌匀。

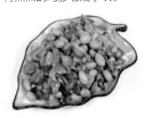

12. 将拌好的材料盛出即可。

泡菜炒鹅肠

　　鹅肠含有丰富的蛋白质、维生素 C、维生素 A 以及钙、铁等营养成分，具有益气补虚、温中散血、行气解毒的功效，对人体新陈代谢，以及神经、心脏、消化系统和视觉的维护都有积极的作用。

鹅肠	200 克	盐	3 克
泡菜	80 克	蚝油	4 毫升
干辣椒	10 克	料酒	少许
生姜片	15 克	水淀粉	少许
蒜苗梗	15 克	辣椒油	适量
蒜苗叶	15 克	食用油	适量

小贴士

鹅肠适宜身体虚弱、气血不足、营养不良之人食用。但患有高血压、高脂血症、动脉硬化,等病症者切忌食用鹅肠。

制作提示

清洗鹅肠时,可放入适量盐,有助于将鹅肠清洗干净。

做法演示

1. 将鹅肠洗净,切段。

2. 装入盘中备用。

3. 油锅烧热,煸香生姜片,倒入鹅肠,翻炒片刻。

4. 加入干辣椒炒香。

5. 倒入泡菜,炒约 2 分钟至鹅肠熟透。

6. 加入盐、蚝油、料酒,炒匀调味。

7. 放入蒜苗梗炒匀。

8. 加入少许水淀粉勾芡。

9. 再撒入蒜苗叶拌炒匀。

10. 淋入少许辣椒油。

11. 快速拌炒均匀。

12. 盛入盘中即可。

香芹炒鹅肠

　　香芹是一种营养价值很高的芳香蔬菜，含有蛋白质、纤维素、还原糖、胡萝卜素及微量元素硒等营养成分，具有降压、降脂、护肝、控制血糖、镇静等作用，对高血压、高脂血症、泌尿系统感染、便秘及风湿等症有较好的食疗作用。

材料

香芹	100 克	盐	3 克
鹅肠	200 克	鸡精	3 克
红椒丝	15 克	蚝油	4 毫升
干辣椒	8 克	辣椒酱	3 克
生姜片	5 克	水淀粉	适量
蒜末	5 克	食用油	适量

香芹　　　鹅肠　　　红椒丝　　　干辣椒

小贴士

香芹可炒、可拌、可熬、可煲，还可做成饮品。需要注意的是，香芹叶中所含的胡萝卜素和维生素 C 比茎中的含量多，因此，吃香芹时不要把能吃的嫩叶扔掉。

制作提示

香芹易熟，所以炒制时间不要太长，否则成菜口感不脆嫩。

做法演示

1. 将洗净的香芹切段。

2. 将鹅肠洗净切段。

3. 锅中注油烧热，倒干辣椒、生姜片、蒜末、红椒丝爆香。

4. 倒入鹅肠炒匀。

5. 加入香芹，炒约 2 分钟至熟。

6. 加入盐、鸡精、蚝油，拌炒均匀。

7. 加入辣椒酱炒香。

8. 倒入少许水淀粉勾芡，淋入熟油拌匀。

9. 盛入盘内即成。

111

小炒乳鸽

　　乳鸽营养丰富，被誉为"动物人参"，它含有丰富的蛋白质、钙、铁、铜及维生素 A、维生素 E 等营养成分，具有补肝壮肾、益气补血、清热解毒等功效，对于肾虚体弱、心神不宁等症均有良好的食疗效果。

材料

乳鸽	1 只	味精	3 克
青椒片	20 克	辣椒酱	4 克
红椒片	20 克	料酒	5 毫升
生姜片	15 克	蚝油	适量
蒜蓉	15 克	辣椒油	适量
盐	3 克	食用油	适量

乳鸽　　　青椒　　　红椒　　　生姜

小贴士

乳鸽肉对毛发脱落、中年秃顶、头发变白、未老先衰等症有一定的食疗功效。因为含有延缓细胞代谢的特殊物质，对于防止细胞衰老有一定作用。

制作提示

炒制乳鸽时，加入生姜片和蒜蓉同炒，不仅可以去腥，还有预防感冒的作用。

做法演示

1. 将乳鸽洗净斩块。

2. 起油锅烧热。

3. 放入乳鸽翻炒片刻，加入适量料酒炒匀。

4. 加入辣椒酱拌炒 2～3 分钟。

5. 倒入生姜片、蒜蓉，炒约 5 分钟至乳鸽熟透。

6. 加适量盐、味精、蚝油调味。

7. 放入青椒片、红椒片，翻炒至熟。

8. 淋入少许辣椒油拌匀。

9. 出锅装盘即成。

△ 口味 清淡　　☺ 人群 一般人群　　✕ 技法 炒

豌豆炒乳鸽

　　豌豆富含人体所需的各种营养物质，尤其是含有优质蛋白质，可以提高机体的抗病能力和康复能力。豌豆中还富含胡萝卜素，食用后可防止人体内致癌物质的合成，从而减少癌细胞的形成，降低癌症的发病概率。

材料

乳鸽肉	100 克	盐	3 克
豌豆	150 克	白糖	5 克
青椒片	20 克	淀粉	2 克
红椒片	20 克	料酒	少许
生姜片	5 克	生抽	少许
蒜末	5 克	水淀粉	适量
葱白	5 克	食用油	适量

小贴士

豌豆适合与富含氨基酸的食物一起烹调，可以明显提高豌豆的营养价值。豌豆的烹饪口味应以清淡为主。

制作提示

烹饪此菜时，豌豆不宜过早放入锅里翻炒。

做法演示

1. 将乳鸽肉洗净，斩块，装入碗中。

2. 加盐、料酒、生抽、淀粉拌匀，腌渍片刻。

3. 热锅注水烧开，加盐、食用油煮沸。

4. 倒入洗好的豌豆，焯熟后捞出备用。

5. 热锅注入食用油，烧至五六成热，倒入乳鸽，炸熟捞出。

6. 锅留底油，入生姜片、蒜末、青椒片、红椒片、葱白煸香。

7. 放入乳鸽肉。

8. 加入少许料酒炒香，再倒入豌豆。

9. 加少许清水煮沸，加入盐、白糖调味。

10. 加入少许水淀粉。

11. 拌炒均匀。

12. 起锅，盛入盘中即可。

香辣乳鸽

　　鸽肉营养丰富，其含有的大量软骨素可以增加皮肤弹性，促进血液循环，加快伤口的愈合。此外，鸽肉还有一定的保健作用，具有益气补血、清热解毒、壮体补肾、健脑提神、增强记忆力、调节血糖、美容养颜等功效。

材料

乳鸽肉	120 克	生抽	6 毫升		
干辣椒	10 克	淀粉	2 克		
青椒	15 克	水淀粉	适量		
红椒	15 克	辣椒酱	少许		
生姜片	5 克	辣椒油	适量		
盐	3 克	食用油	适量		
料酒	4 毫升				

小贴士

鸽肉营养丰富，对多种疾病都有很好的食疗作用，有益气补血、清热解毒、生津止渴等功效。

制作提示

先倒入生姜片、蒜末、青椒、红椒，用大火爆香后，再倒入鸽肉翻炒。

做法演示

1. 将洗净的乳鸽肉斩块，装入碗中备用。

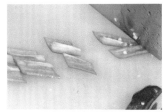

2. 把洗净的青椒、红椒分别切成片。

3. 乳鸽肉加盐、料酒、生抽、淀粉拌匀，腌渍片刻。

4. 热锅注油，烧至五六成热，倒入乳鸽肉，炸熟后捞出。

5. 锅留底油，入生姜片、青椒、红椒炒香。

6. 倒入备好的干辣椒、乳鸽肉，拌炒均匀。

7. 再加入料酒，炒匀提鲜。

8. 加入辣椒酱。

9. 淋入辣椒油拌炒均匀。

10. 再加盐炒匀调味。

11. 加少许水淀粉拌炒均匀。

12. 起锅，盛入盘中即可。

辣椒炒鸡蛋

　　辣椒含有辣椒素及维生素 A、维生素 C 等多种营养物质，能增强人的体力，缓解因工作、生活压力造成的疲劳症状。其特有的味道和所含的辣椒素有刺激唾液和胃液分泌的作用，具有增进食欲、帮助消化、促进肠蠕动、预防便秘的功效。

材料

青椒	50克	盐	3克
鸡蛋	2个	鸡精	3克
红椒圈	20克	味精	3克
蒜末	5克	水淀粉	适量
葱白	5克	食用油	适量

青椒　　　鸡蛋　　　红椒圈　　　蒜

小贴士

打开蛋壳，蛋黄占蛋体比例大，呈金黄色的是土鸡蛋；反之，蛋黄占蛋体比例相对少，呈浅黄色的则为洋鸡蛋。

制作提示

在打散的鸡蛋里放入少量清水，充分搅拌后再放入油锅炒制，可使炒出的鸡蛋口感更加鲜嫩。

做法演示

1. 将洗净的青椒切成小块。

2. 将鸡蛋打入碗中，加入少许清水、盐、鸡精调匀。

3. 热锅注入食用油烧热，倒入蛋液拌匀，翻炒至熟。

4. 将炒熟的鸡蛋盛入盘中。

5. 油锅烧热，倒入蒜末、葱白、红椒圈炒匀。

6. 再倒入青椒，加入盐、鸡精、味精炒至入味。

7. 倒入鸡蛋炒匀。

8. 加入水淀粉，快速翻炒均匀。

9. 盛入盘内即可。

🔺 口味 辣　☺ 人群 一般人群　✖ 技法 煮

泡椒乳鸽

　　青椒特有的香辣味及其所含的辣椒素具有刺激唾液和胃液分泌的作用，可以提高食欲、促进肠道蠕动、帮助消化、防止便秘。此外，青椒中含有丰富的维生素 C，对高血压和高脂血症患者来说也非常有益。

材料

乳鸽肉	180 克	盐	3 克
青泡椒	20 克	淀粉	2 克
红泡椒	20 克	生抽	适量
青椒片	30 克	水淀粉	适量
红椒片	30 克	辣椒酱	少许
生姜片	5 克	料酒	少许
葱白	5 克	食用油	适量

小贴士

乳鸽肉一般人均可食用，对老年人、体虚病弱者、学生、孕妇及儿童有恢复体力、愈合伤口、增强脑力和视力的功用。

制作提示

乳鸽肉煮制的时间应够长，才能使其入味并熟透。

做法演示

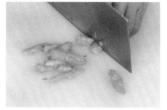

1. 将青泡椒切段。

2. 将红泡椒对半切开。

3. 将乳鸽肉洗净，斩块，装入碗中。

4. 乳鸽肉加盐、生抽、料酒拌匀。

5. 撒上淀粉，淋入食用油拌匀，腌渍 10 分钟。

6. 起油锅烧热，放入生姜片、葱白爆香。

7. 倒入鸽肉翻炒均匀，再倒入料酒提鲜。

8. 加清水煮沸，入青泡椒、红泡椒，拌匀后煮约 3 分钟。

9. 加盐拌匀调味。

10. 倒入青椒片、红椒片，再加入少许辣椒酱拌匀。

11. 用水淀粉勾芡，淋入少许熟油拌匀。

12. 出锅盛入盘中即成。

皮蛋拌鸡丝

皮蛋的营养成分与普通的鸭蛋相近，但其在腌制的过程中经过强碱的作用，使蛋白质及脂质分解，变得更容易消化吸收，胆固醇含量也变少了。皮蛋风味独特，能促进食欲，可用来辅助治疗咽喉肿痛、大便秘结等症。

材料

皮蛋	2 个	白糖	5 克
鸡胸肉	300 克	生抽	5 毫升
蒜末	5 克	陈醋	5 毫升
香菜段	5 克	香油	少许
盐	3 克	辣椒油	适量
味精	1 克		

皮蛋　　　　鸡胸肉　　　　蒜末　　　　香菜

小贴士

　　皮蛋和鸡蛋相比，含有更丰富的铁质、维生素 E、甲硫氨酸等营养成分。购买皮蛋要选择圆身、没有裂纹、色泽鲜明、无异味的，打开蛋壳能看见花纹状者为佳。

制作提示

　　食用皮蛋时，可加点陈醋，既能杀菌，又能中和皮蛋的一部分碱性，吃起来味道也会更好。

做法演示

1. 锅中加清水，放入洗净的皮蛋、鸡胸肉，加盖焖 15 分钟。

2. 将鸡胸肉、皮蛋取出。

3. 将皮蛋剥壳，先切瓣，再切丁。

4. 将鸡胸肉撕成细丝，装入碗中，备用。

5. 鸡胸肉丝加盐、味精、白糖拌匀。

6. 再加入蒜末搅拌。

7. 倒入皮蛋、香菜段。

8. 加入生抽、陈醋、香油、辣椒油，拌匀。

9. 装盘即成。

⬚ 口味 辣　　☺ 人群 女性　　✕ 技法 炒

宫保鸡丁

　　黄瓜是宫保鸡丁里的必备材料，含有丰富的蛋白质、糖类、维生素 B_2、维生素 C、维生素 E、胡萝卜素、钙、磷、铁等营养成分，与鸡肉搭配食用，滋补虚损、抗皱抗衰、美颜的功效更佳。

材料

鸡胸肉	300 克	鸡精	2 克
黄瓜	300 克	料酒	3 毫升
花生仁	50 克	淀粉	少许
干辣椒	7 克	香油	少许
蒜	10 克	食用油	适量
生姜片	6 克	辣椒油	适量
盐	3 克	味精	适量

做法

1. 将鸡胸肉、黄瓜、蒜洗净切丁；鸡丁加盐、味精、料酒、淀粉、食用油拌匀，腌渍片刻。
2. 花生仁入沸水锅稍煮后，捞出沥干。
3. 热锅注入食用油，烧至六成熟，倒入煮好的花生仁，炸约 2 分钟至熟透，捞出。
4. 放入鸡丁，搅散，炸至变色即可捞出。
5. 油锅烧热，加入蒜、生姜片爆香，依次倒入干辣椒、黄瓜炒匀，加入盐、鸡精炒匀。
6. 倒入鸡丁炒匀，加辣椒油、香油。
7. 倒入炸好的花生仁炒匀，盛出装盘即可。

第四章

水产类

水产，一般是指江河湖海中出产的动植物。水产具有蛋白质含量高、胆固醇含量低的特点，自古以来就深受人们的喜爱。水产与禽肉、畜肉相比，能够为人体提供更为全面健康的营养。

干烧鲫鱼

鲫鱼所含蛋白质品质优，且易于消化吸收，是肝肾疾病、心脑血管疾病患者的良好蛋白质来源，常食可增强抗病能力。鲫鱼还富含脂肪、碳水化合物、维生素 A、维生素 E 及多种矿物质等营养成分，具有健脾开胃、益气、利水、通乳之功效。

材料

鲫鱼	1 条	老抽	4 毫升
红椒片	20 克	蚝油	10 毫升
生姜丝	6 克	料酒	少许
葱白	6 克	葱油	适量
葱叶	6 克	辣椒油	适量
盐	3 克	食用油	适量

鲫鱼　　　红椒　　　生姜　　　　葱

小贴士

鲫鱼若买回来不马上食用，应该先用适量盐抹匀鱼身，再用保鲜膜将其包好，放入冰箱冷藏。

制作提示

烹饪鲫鱼时，淋入料酒后要马上盖上盖子焖片刻，再加入适量水煮，这样能充分地去腥增鲜。

做法演示

1. 鲫鱼宰杀洗净，剖花刀，加料酒、盐拌匀。

2. 热锅注入食用油，烧至六成热，放入鲫鱼。

3. 炸约 2 分钟至鱼身呈金黄色时，捞出。

4. 锅留底油，放入生姜丝、葱白煸香。

5. 放入鲫鱼，淋入料酒，倒入清水，焖烧 1 分钟。

6. 加盐、蚝油、老抽调味。

7. 煮至汤汁基本收干。

8. 倒入红椒片，淋入少许葱油、辣椒油拌匀。

9. 待汁完全收干后出锅，撒入葱叶即可。

川椒鳜鱼

　　鳜鱼含有丰富的蛋白质、脂肪、各种维生素、钙、钾、镁、硒等营养成分，且肉质细嫩，极易消化。对儿童、老年人及病后体弱、脾胃消化功能不佳的人来说，吃鳜鱼既能补虚，又不必担心消化困难。

128

材料

鳜鱼	1 条	淀粉	3 克
青椒	20 克	生抽	4 毫升
红椒	20 克	水淀粉	适量
生姜片	5 克	花椒油	少许
花椒	5 克	料酒	少许
葱段	5 克	白糖	适量
盐	3 克	食用油	适量

小贴士

有哮喘、咯血等症的患者以及寒湿盛者不宜食用鳜鱼。吃鳜鱼忌喝茶，因为茶里面含有的物质会阻碍蛋白质的吸收。

制作提示

炸制鳜鱼时，要注意控制好油温，以免影响鱼肉肉质。

做法演示

1. 将洗净的青椒切片。

2. 将洗净的红椒切片。

3. 将鳜鱼处理干净，撒上盐、淀粉。

4. 热锅注油，烧至六成热，放入鳜鱼，炸至断生捞出。

5. 锅留底油，倒入生姜片、葱段。

6. 倒入花椒爆香，再加入料酒和适量清水。

7. 放入炸好的鳜鱼。

8. 倒入青椒、红椒煮沸。

9. 淋入花椒油，加盐、白糖、生抽调味。

10. 盛出煮熟的鳜鱼。

11. 原汤中加入水淀粉调成芡汁，淋入少许熟油拌匀。

12. 将芡汁浇在鱼肉上，撒入葱段即成。

水煮生鱼

生鱼含有人体自身难以合成的不饱和脂肪酸、氨基酸、DHA，还含有人体必需的优质蛋白质、钙、铁、磷等营养成分，以及能增强记忆力的微量元素。体弱者及儿童常食生鱼能增强体质，有益于健康。

材料

生鱼	300 克	鸡精	4 克
泡椒	15 克	豆瓣酱	8 克
生姜片	15 克	辣椒油	少许
蒜末	10 克	淀粉	适量
蒜苗梗	10 克	水淀粉	适量
蒜苗叶	10 克	食用油	适量
盐	3 克		

小贴士

购买生鱼时，应挑选体表光滑、黏液少者，这样的生鱼比较新鲜。若生鱼鳞片无光泽，则最好不要购买。

制作提示

煮生鱼时，应用中小火慢慢煮，以免将鱼肉煮烂。

做法演示

1. 将泡椒洗净切碎。

2. 将生鱼洗净，鱼头切下斩块，片取鱼肉，鱼骨斩块。

3. 生鱼骨加盐、淀粉拌匀，腌渍 10 分钟。

4. 生鱼肉加盐、鸡精拌匀。

5. 加水淀粉、食用油拌匀，腌渍 10 分钟。

6. 油锅烧热，入蒜末、生姜片、蒜苗梗、泡椒、豆瓣酱炒香。

7. 倒入生鱼骨，加入适量清水，加盖煮沸。

8. 揭盖，加盐、鸡精调味。

9. 将生鱼骨捞出装盘。

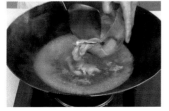

10. 倒入生鱼片煮沸。

11. 加辣椒油、蒜苗叶拌匀。

12. 盛出装盘，浇入汤汁即可。

🔥 口味 辣　　😊 人群 一般人群　　🔪 技法 煮

外婆片片鱼

　　草鱼含有丰富的蛋白质、脂肪、维生素等营养成分，还含有核酸和锌，具有增强体质、延缓衰老的作用。对于身体瘦弱、食欲不振的人来说，草鱼肉嫩而不腻，常食可以起到开胃、滋补的功效。

材料

草鱼肉	180 克	鸡精	3 克
黄豆芽	150 克	味精	2 克
蒜片	25 克	胡椒粉	1 克
葱段	25 克	水淀粉	少许
生姜片	25 克	蛋清	少许
干辣椒段	15 克	食用油	适量
盐	3 克		

小贴士

草鱼含有丰富的不饱和脂肪酸，可以促进血液循环，是心血管疾病患者的良好食补品。

制作提示

草鱼肉片下锅之前，一定要先将汤汁调好味，入锅后煮制的时间也不能太久。

做法演示

1. 将洗净的草鱼肉切片，装入碗中。

2. 草鱼肉加盐、味精、鸡精、胡椒粉抓匀。

3. 加水淀粉、蛋清、食用油抓匀，腌渍 5 分钟。

4. 锅中注水，加入盐、鸡精和食用油烧开。

5. 倒入洗净的黄豆芽，焯煮半分钟至熟。

6. 捞出焯好的黄豆芽，装入碗中备用。

7. 热锅注入食用油，爆香生姜片、蒜片和葱段。

8. 倒入洗好的干辣椒段炒匀。

9. 加入少许清水烧开，调入盐和鸡精拌匀。

10. 倒入鱼片，煮 1 分钟至熟透。

11. 淋入少许水淀粉，拌匀。

12. 装入有黄豆芽的碗中即可。

爆炒生鱼片

　　鱼肉的脂肪含量非常低，却含有丰富的蛋白质和钠，容易被人体吸收并且有利于保持体内的矿物质平衡。鱼肉还含有丰富的维生素群，有滋补健胃、利水消肿的功效，非常适宜孕产妇和老年人食用。

📋 材料

生鱼肉	550 克	辣椒酱	8 克
青椒	15 克	盐	3 克
红椒	15 克	料酒	4 毫升
葱	10 克	水淀粉	适量
生姜	15 克	白糖	少许
蒜	5 克	食用油	适量

生鱼　　　红椒　　　葱　　　生姜

✏️ 小贴士

生鱼容易成为寄生虫的寄生体，所以最好不要随便食用被污染水域的生鱼，以免寄生虫寄生体内，对人体的健康造成危害。

❗ 制作提示

生鱼片放入清水中浸泡 20 分钟，可使鱼肉色泽润白，烹饪时味道更加鲜美。

🍳 做法演示

1. 将宰杀好的生鱼剔去鱼骨，鱼肉片成薄片。

2. 将青椒、红椒洗净，去籽切片。

3. 将蒜去膜，切片；将生姜洗净，切片；葱洗净，切段。

4. 生鱼肉片加盐、水淀粉、食用油拌匀，腌渍入味。

5. 锅中注水煮沸，入青椒、红椒焯烫片刻，捞出。

6. 锅注入食用油烧热，倒入生鱼片滑油，捞出沥油。

7. 锅留底油，入生姜、蒜和辣椒酱炒香。

8. 加青椒、红椒、葱、生鱼肉片、盐、白糖和料酒，炒至入味。

9. 盛入盘中即可。

△ 口味 辣　☺ 人群 一般人群　✖ 技法 炒

泡椒泥鳅

　　泥鳅所含脂肪成分较低，胆固醇更少，属于高蛋白、低脂肪食物。它还富含多种维生素以及丰富的不饱和脂肪酸和卵磷脂，这些是构成人脑细胞中不可缺少的物质。

材料

泥鳅	180 克	盐	3 克
灯笼泡椒	50 克	料酒	少许
水笋丝	20 克	蚝油	少许
生姜片	15 克	水淀粉	适量
葱白	6 克	食用油	适量

灯笼泡椒　　生姜　　葱白　　盐

小贴士

制作泥鳅菜肴时，要选用新鲜、无异味的活泥鳅。有异味的泥鳅可能含有农药等危害人体健康的物质。

制作提示

将鲜活的泥鳅放养在清水中，加入少许盐和食用油，可以使泥鳅吐尽腹中的泥沙。

做法演示

1. 将泥鳅宰杀洗净，加盐、料酒拌匀，腌渍片刻。

2. 将泥鳅放入七成热的油锅中。

3. 小火浸炸 2 分钟至熟，捞出。

4. 锅留底油，倒入生姜片、水笋丝、葱白爆香。

5. 倒入泥鳅，加料酒、盐、蚝油翻炒调味。

6. 倒入洗净切好的灯笼泡椒，炒匀。

7. 加水淀粉勾芡。

8. 翻炒均匀。

9. 出锅装盘即成。

青椒炒鳝鱼

　　鳝鱼富含 DHA 和卵磷脂，二者均是脑细胞不可缺少的营养物质，具有补脑健身的作用。鳝鱼还含有大量的蛋白质、脂肪及多种维生素等营养成分，适宜身体虚弱、气血不足、营养不良者食用。

材料

鳝鱼肉	200 克	鸡精	2 克
青椒	40 克	淀粉	2 克
洋葱丝	20 克	料酒	5 毫升
生姜丝	5 克	水淀粉	适量
蒜末	5 克	辣椒油	少许
葱段	5 克	蚝油	适量
盐	3 克	食用油	适量

鳝鱼　　　青椒　　　洋葱　　　生姜

小贴士

鳝鱼最好现杀现烹。因为死后的鳝鱼，其体内的组氨酸会转变为有毒物质，人体吸收后，会导致头晕、呕吐以及腹泻等症状。

制作提示

鳝鱼入开水锅中氽烫时，可适量加入料酒，以便有效去除鳝鱼的腥味。

做法演示

1. 锅中注水烧开，放入洗净的鳝鱼肉氽烫片刻，取出。

2. 将洗好的青椒切片，再切丝。

3. 鳝鱼肉切丝，加盐、料酒、淀粉拌匀，腌渍片刻。

4. 油锅烧热，加入鳝鱼肉丝，炸约 1 分钟至断生后捞出。

5. 锅留底油，加入洋葱丝、生姜丝、蒜末、青椒丝炒香。

6. 倒入鳝鱼肉丝，加盐、鸡精、蚝油、辣椒油、料酒炒入味。

7. 加水淀粉勾芡。

8. 撒入葱段拌匀。

9. 盛入盘内即可。

📛 口味 辣　　😊 人群 男性　　🍴 技法 炒

泡椒炒花蟹

　　花蟹含有丰富的人体所需的优质蛋白质、维生素A、维生素 B_1、维生素 B_2、维生素E，以及钙、磷、锌、铁等营养成分，具有清热散结、通脉滋阴、补益肝肾、生精补髓、强筋壮骨等功效。

材料

花蟹	2只	盐	3克
青泡椒	10克	白糖	3克
灯笼泡椒	10克	水淀粉	少许
生姜片	5克	淀粉	适量
葱段	5克	食用油	适量

花蟹　　青泡椒　　灯笼泡椒　　生姜

做法演示

1. 将青泡椒、灯笼泡椒对半切开，备用。

2. 将淀粉撒在处理好的花蟹上。

3. 热锅注入食用油，倒入花蟹炸熟，捞出。

4. 锅留底油，放入生姜片煸香，倒入少许清水。

5. 放入花蟹煮沸，加盐、白糖调味。

6. 倒入青泡椒和灯笼泡椒炒匀。

7. 加入少许水淀粉，翻炒均匀。

8. 加入少许熟油和葱段，拌匀。

9. 盛出摆入盘中即成。

🍶口味 辣　😊人群 一般人群　🔪技法 炒

蒜薹炒鳝鱼丝

　　鳝鱼肉富含 DHA 和卵磷脂，还含有丰富的维生素 A 等。鳝鱼肉性温，味甘，有补中益气、补虚损、温阳健脾、滋补肝肾、祛风通络等医疗保健功能。民间用鳝鱼入药，可治疗虚劳咳嗽、湿热身痒、肠风痔漏、耳聋等症。

材料

鳝鱼肉	100 克	味精	3 克
蒜薹	70 克	料酒	5 毫升
红椒	30 克	淀粉	少许
蒜末	5 克	水淀粉	适量
生姜丝	5 克	蚝油	适量
盐	3 克	食用油	适量

小贴士

鳝鱼富含维生素 A，能增强视力，促进皮膜的新陈代谢。鳝鱼还具有补气养血、滋补肝肾、祛风通络等医疗保健功效。

制作提示

将鳝鱼剖洗干净后，可用开水烫去黏液，再进行加工。

做法演示

1. 将洗净的蒜薹切段。

2. 将洗净的红椒切丝。

3. 将鳝鱼肉洗净，切成丝。

4. 鳝鱼丝加料酒、盐、味精、淀粉拌匀，腌渍片刻。

5. 沸水锅中倒入食用油、盐，放入蒜薹煮 1 分钟至熟。

6. 用漏勺捞出蒜薹备用。

7. 倒入鳝鱼丝汆水至断生，用漏勺捞出。

8. 热锅注入食用油，放入蒜末、生姜丝、红椒丝爆香。

9. 放入鳝鱼丝炒香。

10. 淋入料酒，倒入蒜苗，再放蚝油。

11. 加入盐、味精调味，加水淀粉勾芡。

12. 淋入熟油后盛出即可。

杭椒炒鳝片

　　杭椒含有丰富的蛋白质、胡萝卜素、维生素 A、辣椒碱、辣椒红素、挥发油以及钙、磷、铁等营养成分。杭椒既是美味佳肴的好作料，又具有温中散寒的作用，是一种可用于食欲不振等症的食疗佳品。

材料

鳝鱼肉	80 克		老抽	4 毫升	
青杭椒	30 克		料酒	5 毫升	
红杭椒	30 克		白糖	少许	
生姜片	5 克		水淀粉	少许	
蒜末	5 克		淀粉	适量	
葱白	5 克		食用油	适量	
盐	3 克				

小贴士

选购鳝鱼时，以鳝体硬朗、体表光滑、黏液丰富无脱落、颜色灰黄、个体肥大、闻起来无臭味者为佳。

制作提示

鳝鱼片宜最后放，接着放调味料，这样可以保证肉质细嫩。

做法演示

1. 洗净的青杭椒去蒂去籽，再切成片。

2. 洗净的红杭椒去蒂去籽，再切成片。

3. 鳝鱼肉洗净切片，淋上料酒，加入盐、淀粉腌渍片刻。

4. 沸水中加食用油、盐、杭椒片。

5. 煮约 1 分钟后，捞出备用。

6. 倒入鳝鱼片余水片刻捞出。

7. 起油锅烧至四成热，入鳝鱼片，滑油片刻捞出。

8. 锅留底油，倒入生姜片、蒜末、葱白爆香。

9. 倒入青杭椒片、红杭椒片翻炒均匀。

10. 放入鳝鱼片后，立刻淋入料酒翻炒。

11. 加盐、白糖、老抽、水淀粉和熟油。

12. 炒匀，盛入盘中即可。

辣炒蛤蜊

　　蛤蜊含有蛋白质、脂肪、碳水化合物、铁、钙、磷、碘、维生素、氨基酸和牛黄素等多种营养成分，是一种低热量、高蛋白、少脂肪的食物，有滋阴明目、软坚化痰、益精润脏之功效，还有利于防治中老年人常见的慢性病。

材料

蛤蜊	500 克	盐	3 克
青椒片	30 克	料酒	3 毫升
红椒片	30 克	豆豉酱	10 克
干辣椒	10 克	豆瓣酱	10 克
生姜片	5 克	香油	少许
葱白	5 克	辣椒油	少许
水淀粉	适量	食用油	适量

小贴士

购买蛤蜊时，可轻轻地敲打其外壳，若为"砰砰"声，则蛤蜊是死的；若为较清脆的"咯咯"声，则蛤蜊是活的。

制作提示

蛤蜊炒制前，可先用清水泡一下，以帮助蛤蜊吐出泥沙。

做法演示

1. 锅中加足量清水烧开，倒入蛤蜊拌匀。

2. 待壳煮开后，捞出。

3. 将蛤蜊放入清水中清洗干净。

4. 油锅烧热，入干辣椒、生姜片、葱白。

5. 加入切好的青椒片、红椒片、豆豉酱炒香。

6. 倒入煮熟洗净的蛤蜊，拌炒均匀。

7. 加入适量盐。

8. 淋入少许料酒炒匀调味。

9. 加豆瓣酱、辣椒油炒匀。

10. 加水淀粉勾芡。

11. 加少许香油炒匀。

12. 盛出装盘即可。

口味 辣　人群 一般人群　技法 炒

串串香辣虾

　　基围虾富含镁元素，镁对心脏活动具有重要的调节作用，所以适量多吃基围虾，可以起到保护心血管系统的作用。此外，基围虾还含有丰富的钾、碘、磷等矿物质及维生素 A 等营养成分，其肉质松软，易消化，适合身体虚弱以及病后需要调养的人食用。

材料

基围虾	10 只	盐	3 克
竹签	10 根	味精	1 克
干辣椒	2 克	辣椒粉	2 克
红椒末	4 克	香油	适量
蒜末	3 克	食用油	适量
葱花	3 克		

基围虾　　红辣椒　　蒜　　葱花

✎ 小贴士

保存基围虾时，可以将鲜虾先放入沸水锅中汆水，沥干水分后再保存，味道不变，但是色泽会减淡。

⚠ 制作提示

烹制基围虾前，应将其彻底清洗干净，并去除其头部锋利的齿状外壳，以及头须和脚。

做法演示

1. 将洗净的基围虾去掉头须和脚。

2. 取竹签，由虾尾部插入，把所有虾分别穿好。

3. 油锅烧热，倒入基围虾，炸约2分钟至熟透，捞出。

4. 锅留底油，倒入蒜末、红椒末爆香。

5. 倒入准备好的干辣椒，加入切好的葱花炒香。

6. 倒入炸好的基围虾。

7. 加盐、味精、香油、辣椒粉，翻炒均匀至入味。

8. 把炒好的基围虾取出。

9. 装入盘中，再将锅中香料铺在上面即成。

双椒爆螺肉

　　田螺含有丰富的蛋白质、维生素和人体必需的氨基酸和微量元素,是典型的高蛋白、低脂肪、高钙质的天然食物,具有清热、明目、利尿等功效,适宜消瘦、免疫力低下、记忆力下降和贫血者食用。

材料

田螺肉	250 克	料酒	5 毫升
青椒片	40 克	水淀粉	适量
红椒片	40 克	辣椒油	少许
生姜末	20 克	香油	适量
葱末	10 克	胡椒粉	适量
盐	3 克	食用油	适量
味精	3 克		

田螺

青椒

红椒

生姜

小贴士

螺肉食用前应烧煮 10 分钟以上，以防止病菌和寄生虫感染。所以一定要用正确的烹饪方法将其充分煮熟方可食用，且不宜频繁食用。

制作提示

田螺肉要用清水彻底冲洗干净，烹制时可以适当多放一些料酒，成品的味道会更香浓。

做法演示

1. 油锅烧热，倒入葱末、生姜末爆香。

2. 倒入洗净煮好的田螺肉，翻炒约 2 分钟。

3. 放入青椒片、红椒片。

4. 拌炒均匀。

5. 放入盐、味精。

6. 加料酒调味。

7. 加入少许水淀粉勾芡，淋入辣椒油、香油。

8. 撒入胡椒粉，拌匀。

9. 出锅装盘即成。

🧂口味 辣　😊人群 一般人群　✖技法 炒

泡椒牛蛙

　　牛蛙不仅味道鲜美，而且具有很高的营养价值，其富含蛋白质，是一种低脂肪、低胆固醇的营养食物。牛蛙还具有滋补解毒的功效，消化功能差、胃酸过多以及体质虚弱者可以用其来滋补身体。

材料

牛蛙	200 克	葱白	6 克
灯笼泡椒	20 克	盐	3 克
干辣椒	2 克	水淀粉	适量
红椒段	10 克	鸡精	3 克
蒜苗梗	10 克	蚝油	3 毫升
生姜片	5 克	食用油	适量
蒜末	5 克	料酒	适量

小贴士

牛蛙的内脏含有丰富的蛋白质，经水解后可生成复合氨基酸。其中精氨酸、离氨酸含量较高，是良好的滋补品。

制作提示

腌渍牛蛙时，要充分搅拌，使调料均匀黏附到牛蛙上，以去其腥味。

做法演示

1. 将宰杀处理干净的牛蛙切去蹼趾、头部，再斩成块。

2. 将灯笼泡椒对半切开。

3. 牛蛙块加盐、料酒拌匀。

4. 再加少许食用油拌匀，腌渍10 分钟。

5. 油锅烧热，加入生姜片、蒜末、葱白、干辣椒爆香。

6. 倒入牛蛙炒至变色。

7. 淋入料酒，加蚝油炒匀。

8. 倒入蒜苗梗、红椒段。

9. 再倒入灯笼泡椒炒匀。

10. 加鸡精炒匀调味。

11. 加水淀粉勾芡，加少许熟油炒匀。

12. 盛出装盘即可。

辣炒鱿鱼

　　鱿鱼的脂肪里含有大量的高度不饱和脂肪酸，加上鱿鱼肉中所含的高量牛磺酸，都可以有效减少血管壁上所积累的胆固醇，对于预防血管硬化、胆结石的形成具有良好的效果。同时，鱿鱼还能补充脑力、预防阿尔茨海默病等。

材料

鱿鱼	150 克	盐	3 克
青椒	25 克	味精	3 克
红椒	25 克	水淀粉	适量
蒜苗梗	20 克	辣椒酱	少许
干辣椒	7 克	料酒	适量
生姜片	6 克	食用油	适量

小贴士

鱿鱼是发物，湿疹、荨麻疹患者忌食。高脂血症、高胆固醇血症患者以及脾胃虚寒者也不宜食用鱿鱼。

制作提示

食用新鲜鱿鱼时，一定要去除其内脏，因为鱿鱼内脏中含有大量的胆固醇。

做法演示

1. 洗净的青椒切丁。

2. 洗净的红椒切丁。

3. 鱿鱼洗净切丁，加料酒、盐、味精、水淀粉拌匀，腌渍片刻。

4. 锅中加清水烧开，倒入鱿鱼丁，氽水片刻，捞出备用。

5. 油锅烧热，放入生姜片、切好洗净的蒜苗梗爆香。

6. 倒入鱿鱼丁炒匀。

7. 加入洗切好的干辣椒炒香。

8. 倒入青椒丁、红椒丁炒匀。

9. 淋上料酒，放入辣椒酱，翻炒片刻。

10. 放入盐、味精炒至入味。

11. 倒入水淀粉和熟油炒匀。

12. 盛出装盘即可。

沸腾虾

虾中含有丰富的镁，镁对心脏活动具有重要的调节作用，能很好地保护心血管系统，还可以减少血液中的胆固醇含量、防止动脉硬化，同时还能扩张冠状动脉，有利于预防高血压及心肌梗死等症。

📋 材料

基围虾	300 克	盐	3 克
干辣椒	10 克	味精	3 克
花椒	7 克	鸡精	2 克
蒜末	5 克	辣椒油	少许
生姜片	5 克	豆瓣酱	适量
葱段	5 克	食用油	适量

基围虾　　干辣椒　　花椒　　生姜

📝 小贴士

新鲜的虾头尾完整，头尾与身体紧密相连，虾身较挺，有一定的弯曲度；不新鲜的虾，头与体、壳与肉相连松懈，头尾易脱落或分离。

❗ 制作提示

爆香作料时，应用中小火将香味慢慢炒出来，倒入虾再转大火爆炒，能使虾更加入味。

📺 做法演示

1. 将洗净的基围虾切去头须、虾脚。

2. 油锅烧热，倒入蒜末、生姜片、葱段。

3. 加入干辣椒、花椒爆香。

4. 加入豆瓣酱炒匀。

5. 倒入适量清水。

6. 放入辣椒油，再加入盐、味精、鸡精调味。

7. 倒入基围虾，煮 1 分钟至熟。

8. 快速翻炒片刻。

9. 盛出装盘即可。

🔥 口味 辣　　😊 人群 一般人群　　✖ 技法 炒

泡椒基围虾

　　基围虾营养丰富，含有蛋白质、脂肪、维生素和钙、磷、镁等多种矿物质，能很好地保护心血管系统，减少血液中的胆固醇含量，防止动脉硬化。虾肉还有补肾壮阳、通乳抗毒、养血固精、化瘀解毒、益气滋阴、通络止痛、开胃化痰等功效。

材料

基围虾	250 克	盐	3 克
灯笼泡椒	50 克	味精	3 克
生姜片	5 克	水淀粉	适量
蒜末	5 克	鸡精	3 克
葱白	5 克	料酒	少许
葱叶	5 克	食用油	适量

基围虾　　灯笼泡椒　　生姜　　蒜

小贴士

新鲜的虾，肉质坚实、细嫩，以手触摸时可感觉较硬实，有弹性；不新鲜的虾，则肉质松软，弹性差。

制作提示

炒制过程中滴少许醋，可让虾的颜色鲜红亮丽，壳和肉也容易分离。

做法演示

1. 将洗净的基围虾剪去须、脚，切开虾的背部。

2. 热锅注油，烧至六成热，倒入基围虾，搅匀炸熟后捞出。

3. 锅留底油，倒入生姜片、蒜末、葱白爆香。

4. 倒入洗净的灯笼泡椒，翻炒均匀。

5. 倒入处理好的基围虾炒匀。

6. 加料酒、鸡精、味精、盐，炒匀调味。

7. 加入水淀粉勾芡。

8. 加入葱叶炒匀，再继续翻炒片刻至熟透。

9. 盛出装盘即可。

☗ 口味 清淡　　☺ 人群 孕产妇　　✗ 技法 煮

豆花鱼片

　　草鱼含有丰富的不饱和脂肪酸，可以促进血液循环，是心血管疾病患者的优选食物。此外，草鱼中还含有大量的硒元素，经常食用可以起到延缓衰老、美容养颜的效果，并且对肿瘤也有一定的辅助治疗作用。

材料

草鱼	500 克	味精	2 克
豆花	200 克	盐	3 克
葱段	10 克	蛋清	少许
生姜片	10 克	水淀粉	适量
鸡精	2 克	食用油	适量

做法

1. 将处理好的草鱼剔除鱼骨，取肉切成薄片。
2. 草鱼片加味精、盐，倒入少许蛋清，淋入水淀粉，注入食用油拌匀，腌渍 10 分钟。
3. 起油锅烧热，倒入生姜片爆香。
4. 注入适量清水煮沸，加入鸡精、盐调味。
5. 倒入草鱼片拌煮至熟，用水淀粉勾芡，淋入少许食用油。
6. 撒上葱段拌匀。
7. 豆花装入盘中，将草鱼片盛上，浇入汤汁。